体験してわかる！
会話でまなべる！

Python 2年生 スクレイピングのしくみ

第2版

2年生

森 巧尚 著

JN111908

Scraping

SHOEISHA

本書内容に関するお問い合わせについて

このたびは翔泳社の書籍をお買い上げいただき、誠にありがとうございます。弊社では、読者の皆様からのお問い合わせに適切に対応させていただくため、以下のガイドラインへのご協力をお願い致しております。下記項目をお読みいただき、手順に従ってお問い合わせください。

ご質問される前に

弊社 Web サイトの「正誤表」をご参照ください。これまでに判明した正誤や追加情報を掲載しています。

正誤表　https://www.shoeisha.co.jp/book/errata/

ご質問方法

弊社 Web サイトの「書籍に関するお問い合わせ」をご利用ください。

書籍に関するお問い合わせ　https://www.shoeisha.co.jp/book/qa/

インターネットをご利用でない場合は、FAX または郵便にて、下記 "翔泳社 愛読者サービスセンター" までお問い合わせください。
電話でのご質問は、お受けしておりません。

回答について

回答は、ご質問いただいた手段によってご返事申し上げます。ご質問の内容によっては、回答に数日ないしはそれ以上の期間を要する場合があります。

ご質問に際してのご注意

本書の対象を超えるもの、記述個所を特定されないもの、また読者固有の環境に起因するご質問等にはお答えできませんので、予めご了承ください。

郵便物送付先および FAX 番号

送付先住所 〒 160-0006　東京都新宿区舟町 5
FAX 番号 03-5362-3818
宛先 (株) 翔泳社 愛読者サービスセンター

はじめに

「Pythonの勉強をはじめた初心者だけれど、次のステップとしてなにをすればいいかわからない」

「Pythonの基本はわかってきたけれど、もう少し実用的なプログラムを作ってみたい」

……などと感じておられる方は、たくさんいるのではないでしょうか。

でも専門書を見るとハードルの高そうなものが多いし、難しいキーワードが出てきたり、内容も専門的過ぎて遠い話のように思えたり、もう少し身近でやさしい次のステップはないだろうか、と感じることがあると思います。

この本は、そうしたPython初心者の方が、やさしく次のステップへ進むための本です。

Pythonは「Webへのアクセス」や「データ処理」が得意な言語です。だから、「機械学習」や「ビッグデータの分析」によく使われているのですが、そんな大げさなものではなく、「自分のちょっとした調べもの」に使ってもいいのです。

気になるネット情報を調べたり、地元のお店の情報を調べたり、自宅近辺の明日の天気を調べたり、「Pythonを自分の身の回りの調べものに使ってみる」のなら、やさしく次へ進めると思いませんか。うまくできれば、役に立つプログラムも作れます。

この『Python2年生』では『Python1年生』に続いて、ヤギ博士と初心者のフタバちゃんと一緒にまなんでいきます。やさしく理解できるので安心してください。

この本でPythonの手軽さや便利さに触れて、Pythonのプログラミングを楽しむきっかけになれば幸いです。

2024年4月吉日

森 巧尚

もくじ

第1章 Pythonでデータをダウンロード

第2章 HTMLを解析しよう

第3章 表データを読み書きしよう

第5章 Web APIでデータを収集しよう

 本書のサンプルのテスト環境

本書のサンプルは以下の環境で、問題なく動作することを確認しています。

OS：macOS
OSバージョン：14.4（Sonoma）
CPU：Intel Core i5
Pythonバージョン：3.12.2
各種ライブラリとバージョン
　pip：23.3.2
　beautiul soup4：4.12.3
　pandas：2.2.0
　matplotlib：3.8.2
　openpyxl：3.1.2
　xlrd：2.0.1
　xlwt：1.3.0
　folium：0.15.1

OS：Windows
OSバージョン：11 Home
CPU：Intel core i7
Pythonバージョン：3.12.2
各種ライブラリとバージョン
　pip：23.3.2
　beautiul soup4：4.12.3
　pandas：2.2.0
　matplotlib：3.8.2
　openpyxl：3.1.2
　xlrd：2.0.1
　xlwt：1.3.0
　folium：0.15.1

本書の対象読者と2年生シリーズについて

本書の対象読者

　本書はネット上からデータ収集を行う初心者や、データ分析にこれからかかわる方に向けたスクレイピングの入門書です。会話形式で、スクレイピングのしくみを理解できます。初めての方でも安心してスクレイピングの世界に飛び込むことができます。

　・**Python**の基本文法は知っている方（『**Python1年生**』を読み終えた方）
　・データ収集やデータ分析の初心者

2年生シリーズについて

　2年生シリーズは、1年生シリーズを読み終えた方を対象とした入門書です。ある程度、技術的なことを盛り込み、本書で扱う技術について身につけてもらいます。完結にまとめると以下の3つの特徴があります。

ポイント❶ **基礎知識がわかる**

　章の冒頭には漫画やイラストを入れて各章でまなぶことに触れています。冒頭以降は、イラストを織り交ぜつつ、基礎知識について説明しています。

ポイント❷ **プログラムのしくみがわかる**

　必要最低限の文法をピックアップして解説しています。途中で学習がつまずかないよう、会話を主体にして、わかりやすく解説しています。

ポイント❸ **開発体験ができる**

　初めてプログラミング言語（アプリケーション）をまなぶ方に向けて、楽しく学習できるよう工夫したサンプルを用意しています。

ヤギ先生　　　　　　　　　　　　　　フタバちゃん

本書の読み方

　本書は、初めての方でも安心してスクレイピングの世界に飛び込んで、つまずくことなく学習できるよう、ざまざまな工夫をしています。

ヤギ博士とフタバちゃんの
ほのぼの漫画で章の概要を説明
各章でなにをまなぶのかを漫画で説明します。

この章で具体的にまなぶことが、
一目でわかる
該当する章でまなぶことを、イラストでわかりやすく紹介します。

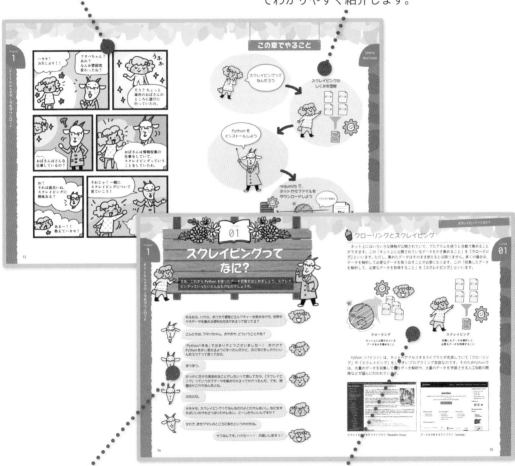

会話形式で解説
ヤギ博士とフタバちゃんの会話を主体にして、概要やサンプルについて楽しく解説します。

イラストで説明
難しい言いまわしや説明をせずに、イラストを多く利用して、丁寧に解説します。

付属データと特典データのダウンロードについて

付属データのご案内

付属データ（本書記載のサンプルコード）は、以下のサイトからダウンロードできます。

- **付属データのダウンロードサイト**
  `URL` **https://www.shoeisha.co.jp/book/download/9784798182605**

注意

付属データに関する権利は著者および株式会社翔泳社が所有しています。許可なく配布したり、Webサイトに転載したりすることはできません。付属データの提供は予告なく終了することがあります。予めご了承ください。

会員特典データのご案内

会員特典データは、以下のサイトからダウンロードして入手いただけます。

- **会員特典データのダウンロードサイト**
  `URL` **https://www.shoeisha.co.jp/book/present/9784798182605**

注意

会員特典データをダウンロードするには、SHOEISHA iD（翔泳社が運営する無料の会員制度）への会員登録が必要です。くわしくは、Webサイトをご覧ください。
会員特典データに関する権利は著者および株式会社翔泳社が所有しています。
許可なく配布したり、Webサイトに転載したりすることはできません。
会員特典データの提供は予告なく終了することがあります。予めご了承ください。

免責事項

付属データおよび会員特典データの記載内容は、2024年4月現在の法令等に基づいています。
付属データおよび会員特典データに記載されたURL等は予告なく変更される場合があります。
付属データおよび会員特典データの提供にあたっては正確な記述につとめましたが、著者や出版社などのいずれも、その内容に対してなんらかの保証をするものではなく、内容やサンプルに基づくいかなる運用結果に関してもいっさいの責任を負いません。
付属データおよび会員特典データに記載されている会社名、製品名はそれぞれ各社の商標および登録商標です。

著作権等について

付属データおよび会員特典データの著作権は、著者および株式会社翔泳社が所有しています。個人で使用する以外に利用することはできません。許可なくネットワークを通じて配布を行うこともできません。個人的に使用する場合は、ソースコードの改変や流用は自由です。商用利用に関しては、株式会社翔泳社へご一報ください。

2024年4月
株式会社翔泳社　編集部

第1章
Pythonでデータを ダウンロード

この章でやること

スクレイピングって
なんだろう

スクレイピングの
しくみを理解

データ　データ
データ　データ

データ

Python を
インストールしよう

requests で、
ネットからファイルを
ダウンロードしよう

リクエストを送る

.py

Web サーバー　　　インターネット

Python の
プログラム

Web ページの
データを返す

データ

requests
ライブラリ

13

スクレイピングって なに?

さあ、これから **Python** を使ったデータ収集をはじめましょう。スクレイピングっていったいどんなものなのでしょうか。

 ねえねえ、ハカセ。おうちで優雅にミルクティーを飲みながら、世界中からデータを集める便利な方法があるって知ってる?

こんにちは、フタバちゃん。おやおや、どういうことかな?

 『Python1年生』ではありがとうございました〜! おかげでPythonを少し使えるようになったんだけど、次になにをしたらいいんだろう?って思ってたの。

ほうほう。

 せっかくだから実用的なことがしたいって探してたら、「スクレイピング」っていうのでデータを集められるってわかったんだ。でも、問題はそこからなんだよね。

ふむふむ。

 そもそも、スクレイピングってなんなのかよくわかんないし、なにをすればいいのかもさっぱりわかんない。どーしたらいいんですか?

それで、またワタシのところに来たというわけだね。

そうなんです。ハカセ〜〜! お願いしますっ!

クローリングとスクレイピング

LESSON
01

　ネット上にはいろいろな情報が公開されていて、プログラムを使うと自動で集めることができます。この「ネット上に公開されているデータをかき集めること」を「クローリング」といいます。ただし、集めたデータはそのまま使えるとは限りません。多くの場合は、データを解析して必要なデータを取り出すことが必要になります。この「収集したデータを解析して、必要なデータを取得すること」を「スクレイピング」といいます。

クローリング

ネット上に公開されている
データをかき集めること

スクレイピング

収集したデータを解析して、
必要なデータを取得すること

　Python（パイソン）は、ネットへアクセスするライブラリが充実していて「クローリング」や「スクレイピング」をしやすいプログラミング言語なのです。そのためPythonでは、大量のデータを収集して行うデータ解析や、大量のデータを学習させる人工知能の開発などが盛んに行われています。

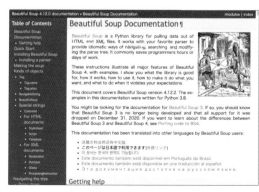

スクレイピングを行うライブラリ「Beautiful Soup」
https://www.crummy.com/software/BeautifulSoup/bs4/doc/

データを分析するライブラリ「pandas」
https://pandas.pydata.org/

気をつけないといけないこともある

Pythonのプログラムを使えば、手作業でデータ収集するのとは比べられないほど簡単に大量のデータ収集ができて、とても便利です。ただし、このとき気をつけておくことがあります。それは、「相手のサイトに迷惑をかけないこと」という、人として当たり前のことです。

コンピュータは人間ではないので、疲れも知らず、空気を読むこともなくどんどんデータを収集できます。しかし、そのアクセスしてる相手は誰かが作ったサイトで、そこにはそのサイトを作り運営している人たちや企業がいます。ですから、相手に迷惑をかけないように気をつけましょう。それは主に、以下のようなことです。

1つ目は、「著作権を守ること」です。

他人が作ったオリジナリティのある著作物は、「使ってもいいよ」となっているもの以外、無断で複製したり二次利用しないようにしましょう。安心して利用できるデータとしては、利用することを前提として公的機関や企業などが公開している情報などがあります。

2つ目は、「アクセスし過ぎて業務妨害をしないこと」です。

サーバーに大量にアクセスしてしまうと相手のサーバーに負荷をかけてしまうことになります。そこで、プログラム側で「1回アクセスしたら1秒待つ」といったしくみを作るなどして、業務妨害にならないように気をつけましょう。

3つ目は、「クローリング禁止のところではクローリングしないこと」です。

サイト側がクローリングしないでほしいと思っているときは、その意思表示があります。これは「robots.txt」というファイルや、HTML内の「robots metaタグ」に書いてあります。

> 1.著作権を守ること
> 2.アクセスし過ぎて業務妨害をしないこと
> 3.クローリング禁止のところからクローリングしないこと

robots.txtとは？

「robots.txt」ファイルは、サイトのルートディレクトリに置いてあります。「robots.txt」ファイルがあるかを見て、次のように書かれているときは、「サイト全体をクロールしないでほしい」という意思表示なのでクローリングは控えます。

robots.txt
```
User-agent: *
Disallow: /
```

また、HTML内に次のような「robots metaタグ」が書かれているときは、「このページ内のリンクをたどらないでほしい」という意思表示なのでクローリングは控えます。

```
<meta name="robots" content="nofollow">
```

相手のサイトに迷惑をかけさえしなければ、クローリングやスクレイピングはとても便利な手法です。手作業ではできないデータ収集やデータ解析ができるのです。ぜひ、体験してみましょう。

それにしても、世界からデータを取ってこれるってフシギだね。

でもフタバちゃん、毎日やってることだよ。

そんなすごいことしてたっけ？

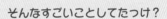

Webでニュースを見たり、わからない言葉を検索してるでしょ。

そっかー。あれ、世界から取ってきてるのか。

いつもは手でポチポチ操作して取ってきてるけど、それをプログラムで自動でしちゃうのがクローリングなんだ。

なんか、すっごいことできそう。

Pythonをインストールしてみよう

まだ、パソコンに Python が入っていないなら、インストールするところからはじめましょう。Windows 版と macOS 版の両方がありますよ。

この前、パソコンを買ったの！　新しいパソコンにはPythonをインストールするんだよね。

新しいパソコンなら、まずはPythonをインストールしよう。インストーラーは、ネットからダウンロードできるよ。

どうすればいいの？

Pythonの公式サイトにアクセスすれば、すぐにできるよ。

新しいパソコンで
Pythonはじめるの楽しみ！

WindowsにPythonをインストールする方法

Python 3の最新版をWindowsにインストールしましょう。まずはMicrosoft Edgeで公式サイトにアクセスしてください。

＜Python公式サイトのダウンロードページ＞
https://www.python.org/downloads/

LESSON
02

① インストーラーをダウンロードします

Pythonの公式サイトから、インストーラーをダウンロードします。

Windowsでダウンロードページにアクセスすると、自動的にWindows版のインストーラーが表示されます。❶ [Download Python 3.12.x] ボタン（xの部分は更新されて最新のものに変わります）をクリックするとダウンロードがはじまります。

ダウンロードボタンに「3.12.2」と書かれている部分は更新されて最新版の数字に変わるよ。そのままボタンを押そう。

② インストーラーを実行します

❶ダウンロードが完了して、Edgeに表示された [↓] ボタンをクリックすると、❷インストーラー [python-3.12.x-xxx.exe] が表示されます。これをクリックして、インストーラーを実行します。

③ インストーラーの項目をチェックします

インストーラーの起動画面が現れます。❶[Add python.exe to PATH]にチェックを入れてから、❷[Install Now]ボタンをクリックします。

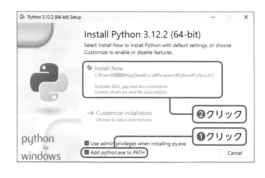

CAUTION

この❶[Add python.exe to PATH]へのチェックはとても重要です。❷[Install Now]をクリックする前に、必ずチェックが入っているか確認しよう。

④ インストーラーを終了します

インストールが完了したら「Setup was successful」と表示されます。これでPythonのインストールは完了です。❶[Close]ボタンをクリックして、インストーラーを終了しましょう。

macOSにPythonをインストールする方法

Python 3の最新版をmacOSにインストールしましょう。まずはWebブラウザで公式サイトにアクセスしてください。

<Python公式サイトのダウンロードページ>
https://www.python.org/downloads/

① インストーラーをダウンロードします

まず、Pythonの公式サイトから、インストーラーをダウンロードします。

macOSでダウンロードページにアクセスすると、自動的にmacOS版のインストーラーが表示されます。❶[Download Python 3.12.x]ボタンをクリックしましょう。

② インストーラーを実行します

ダウンロードしたインストーラーを実行します。
Safariの場合、❶ダウンロードボタンをクリックすると
今ダウンロードしたファイルが表示されますので、❷
[python-3.12.x-macosxx.pkg] をダブルクリックして
実行します。

③ インストールを進めます

「はじめに」の画面で❶ [続ける] ボタンをクリックします。
「大切な情報」の画面で❷ [続ける] ボタンをクリックします。
「使用許諾契約」の画面で❸ [続ける] ボタンをクリックします。
すると同意のダイアログが現れるので、❹ [同意する] ボタンをクリックします。

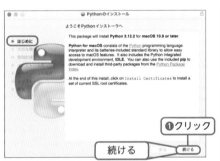

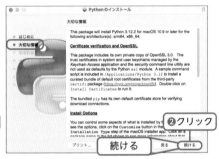

④ macOSへインストールします

「Pythonのインストール」ダイアログが現れるので❶［インストール］ボタンをクリックします。

すると「インストーラが新しいソフトウェアをインストールしようとしています。」というダイアログが現れるので、❷macOSのユーザー名とパスワードを入力して、❸［ソフトウェアをインストール］ボタンをクリックします。

いよいよ
インストールだね。

インストール

❶クリック

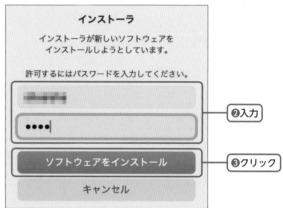

❷入力

❸クリック

⑤ インストーラーを終了します

しばらくすると、「インストールが完了しました。」と表示されます。これでPythonのインストールは完了です。❶［閉じる］ボタンをクリックして、インストーラーを終了しましょう。

閉じる

❶クリック

⑥ SSL証明書をインストールします。

Python3.6以降では、インストール後にネットワーク通信に使用するSSL証明書をインストールする必要があります。[Python 3.x] フォルダ（本書では [Python 3.12] フォルダ）を開き、❶「Install Certificates. command」ファイルをダブルクリックしてください。ターミナルが自動的に起動して、証明書のインストールが実行されます。[プロセスが完了しました] と表示されたら、❷表示されたターミナルを終了してください。

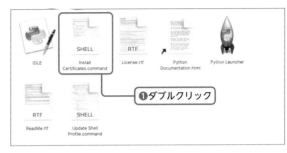

❶ダブルクリック

❷クリック

```
                    — Install Certificates.command — 80×24
Last login: Mon Feb 19 09:53:11 on console
/Applications/Python\ 3.12/Install\ Certificates.command ; exit;
(base)            @MACBOOK-AIR ~ % /Applications/Python\ 3.12/Install\ Certific
ates.command ; exit;
  -- pip install --upgrade certifi
Requirement already satisfied: certifi in /Library/Frameworks/Python.framework/V
ersions/3.12/lib/python3.12/site-packages (2024.2.2)
  -- removing any existing file or link
  -- creating symlink to certifi certificate bundle
  -- setting permissions
  -- update complete

Saving session...
...copying shared history...
...saving history...truncating history files...
...completed.
Deleting expired sessions...none found.

[プロセスが完了しました]
```

requests でアクセス してみよう

requests はインターネットに簡単にアクセスできるライブラリです。まずは requests を使う簡単なプログラムを書いてみましょう。

ハカセ。そもそもインターネット上のデータってどこにあるの？

Web ブラウザで検索したり、URL を入力したりすると、そのページが表示されるよね。あれはどうなってると思う？

インターネットにつながってるアタシのコンピュータがいい感じに表示してくれてるんでしょう。

実は役割分担をしてるんだ。まず、インターネットの先のコンピュータは「表示するのに必要なデータを送る」という仕事だけをしている。それを受け取った Web ブラウザが「Web ページとして表示する」という仕事をしてるんだよ。

へぇ〜。Web ブラウザって「ただの枠」かと思ってたけど、表示する仕事をしてたのね。

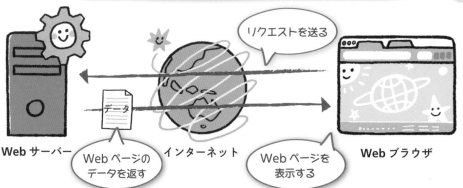

Web サーバー　　Web ページの データを返す　　インターネット　　Web ページを 表示する　　Web ブラウザ

リクエストを送る

データ

この「表示するのに必要なデータ」をHTMLファイルというんだけど、これはテキストデータでできている。

ふむふむ。

つまり、通信さえできればWebブラウザじゃなくても、Pythonでも読み込んで中を見ることができるんだ。Webブラウザはこれを「Webページ表示用のデータ」と解釈して使っているけど、これを「いろいろな情報が書かれたテキストデータ」と解釈することもできる。

あ、そうかっ！　ということは、Webページをデータとしても使えるってことなんだね。

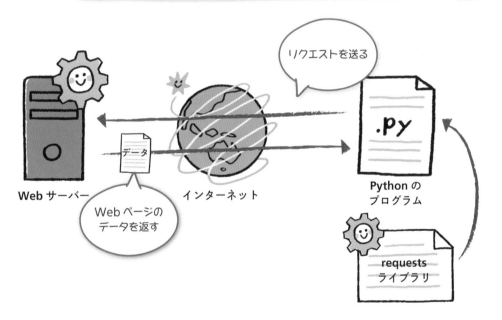

　インターネットにアクセスする命令としては、Pythonの標準ライブラリに「urllib.request」がありますが、もっと簡単に使える「requests」という外部ライブラリがあるので、これを使ってみたいと思います。

25

ライブラリのインストール方法

Windowsにライブラリをインストールするときは、コマンドプロンプトを使います。macOSにライブラリをインストールするときは、ターミナルを使います。

①-1 Windowsではコマンドプロンプトを起動します

まず、コマンドプロンプトを起動します。

タスクバーにある❶［検索］をクリックして、❷検索窓に「cmd」と入力します。❸表示された［コマンドプロンプト］をクリックすると、コマンドプロンプトが起動します。❹以下のコマンドでインストールします。インストールにはしばらくかかります。

```
py -m pip install requests
```

①-2 macOSではターミナルを起動します

［アプリケーション］フォルダの中の［ユーティリティ］フォルダにある❶ターミナル.appをダブルクリックしましょう。ターミナルが起動します。❷以下のコマンドでインストールします。インストールにはしばらく時間がかかります。

```
python3 -m pip install requests
```

HTMLファイルを読み込むプログラム

さあ、インストールした「requests」を使って、ネット上のHTMLファイルを読み込んで表示させてみましょう。

テスト用にシンプルなWebページを用意しましたので、このHTMLファイルを読み込むプログラムを作ってみましょう。

＜Python2年生のテストページ＞
https://www.ymori.com/books/python2nen/test1.html

この本のために用意したWebページだよ！

インターネット上のWebページは、「requests.get(URL)」という命令で取得できます。ただし、取得したデータにはいろいろな情報が入っているので、そこから「.text」で文字列データを取り出します。また、日本語が文字化けしないように「response.encoding = response.apparent_encoding」と指定しておきます。

 ハカセ、文字化けってどんなオバケなの？

 オバケじゃなくて「日本語が変な文字に化けて表示されること」だ。コンピュータの基本は、アスキーコード（ASCIIコード）という文字コードでできている。256通りのアルファベットが使える文字コードだよ。

 日本語は？？

 日本語は、ひらがな、カタカナ、漢字など字種がたくさんあるので、256通りでは足りない。そこで、2〜3バイトを使って1文字を表す文字コードを使うんだ。その文字コードは「Shift-JIS」「EUC-JP」「UTF-8」など、いろんな種類がある。

ふーん。

それぞれ長所短所はあるんだけど「文字を表す番号が違う」ので、違う文字コードで表示させるとおかしな文字になってしまうんだ。でも、「response.encoding = response.apparent_encoding」と指定すれば、正しく表示できる文字コードを自動的に選んでくれるので安心だね。

chap1/chap1-1.py

```python
import requests

url = "https://www.ymori.com/books/python2nen/test1.html"
response = requests.get(url)                    ……………… Webページのデータを取得する

response.encoding = response.apparent_encoding  …… 文字化けしないようにする

print(response.text)                            ……………… 取得した文字列データを表示する
```

requests.get で取得できるいろいろな情報

.text	文字列データ
.content	バイナリーデータ
.url	アクセスしたURL
.apparent_encoding	推測されるエンコーディング方式
.status_code	HTTPステータスコード（200はOK、404は見つからなかった、など）
.headers	レスポンスヘッダー

　さて、Pythonのプログラムを実行させるには実行するためのアプリが必要です。この本では、Pythonのインストール時に一緒にインストールされている「IDLE（アイドル）」を使います。IDLEの使い方を見ていきましょう。もし、すでにVisual Studio CodeなどのPython用IDEアプリで、使い慣れたものがある場合はそれを使ってもらってもいいですよ。

IDLEを起動しよう

IDLEは、手軽にPythonを実行するためのアプリです。起動すればすぐに使えるので、Pythonの動作確認をしたり、初心者の学習に向いています。WindowsとmacOSではIDLEを起動するまでの手順が違いますが、起動したあとは同じです。

①-1 Windowsでは検索窓から起動します

タスクバーにある❶［検索］をクリックして、❷検索窓に「IDLE」と入力します。❸表示された［IDLE］をクリックしましょう。

検索窓はスタートボタンの隣にあるよ。

①-2 macOSでは［アプリケーション］フォルダから起動します

［アプリケーション］フォルダの中の［Python 3.x］フォルダ（本書では［Python 3.12］フォルダ）の中の❶IDLE.appをダブルクリックしましょう。

macOSではFinderで［アプリケーション］フォルダを開こう。

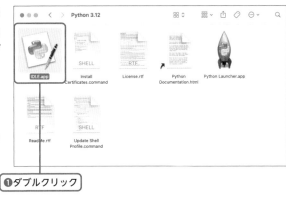

② シェルウィンドウが表示されます

IDLEが起動して、シェルウィンドウが表示されます。

Windowsの場合

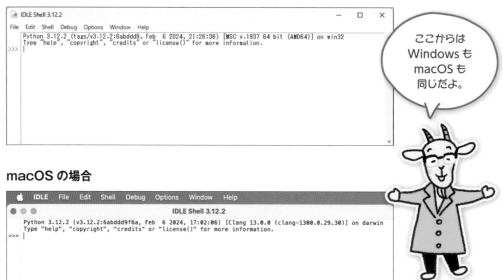

ここからは
Windows も
macOS も
同じだよ。

macOS の場合

🌰 プログラムを作ってみよう

IDLEを起動したら、プログラムをファイルに書いて実行させてみましょう。

① 最初に「新規ファイル」を作るところからはじめます

メニューから❶［File］→❷［New File］
を選択します。

❶クリック

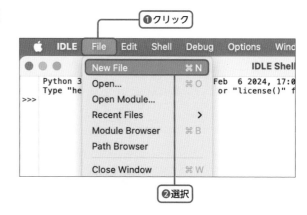

❷選択

② プログラムを入力するウィンドウが表示されます

すると、まっ白なウィンドウが表示されます。ここにプログラムを入力していきます。

③ プログラムを入力します

以下のプログラム（p.28で説明したプログラム）を入力します。

chap1/chap1-1.py

```python
import requests

url = "https://www.ymori.com/books/python2nen/test1.html"
response = requests.get(url)                      ·······Webページを取得する

response.encoding = response.apparent_encoding ····· 文字化けしないようにする

print(response.text) ·······取得した文字列データを表示する
```

④ 次にファイルを保存します

メニューから❶［File］→❷［Save］を
選択します。

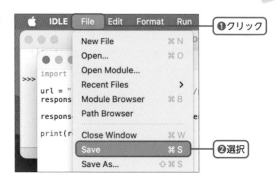

⑤ ファイル名には拡張子をつけましょう

［Save As］に❶ファイル名を入力して、❷［Save］ボタンをクリックしましょう。

Pythonファイルの拡張子は「.py」なので、例えば「chap1-1.py」のようにファイル名の末尾に
「.py」をつけます。

⑥ それでは、プログラムを実行しましょう

メニューから❶[Run]→❷[Run Module]
を選択します。するとWebサーバーから取
得したHTMLファイルが表示されます。

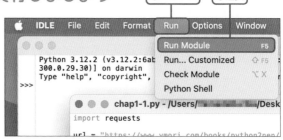

```
●  ●  ●                         IDLE Shell 3.12.2
Python 3.12.2 (v3.12.2:6abddd9f6a, Feb  6 2024, 17:02:06) [Clang 13.0.0 (clang-1
300.0.29.30)] on darwin
Type "help", "copyright", "credits" or "license()" for more information.
>>>
============= RESTART: /Users/YamadaRurika/Desktop/chap1/chap1-1.py =============
<!DOCTYPE html>
<html>
    <head>
        <meta charset="UTF-8">
        <title>Python2年生</title>
    </head>
    <body>
        <h2>第1章 Pythonでデータをダウンロード</h2>
        <ol>
            <li>スクレイピングってなに？</li>
            <li>Pythonをインストールしてみよう</li>
            <li>requestsでアクセスしてみよう</li>
        </ol>
    </body>
</html>
>>>
```

出てきた〜！
これが、Web
ページのデータ
なんだね。

出力結果

```
<!DOCTYPE html>

<html>

    <head>

        <meta charset="UTF-8">

        <title>Python2年生</title>

    </head>

    <body>

        <h2>第1章 Pythonでデータをダウンロード</h2>

        <ol>

            <li>スクレイピングってなに？</li>

            <li>Pythonをインストールしてみよう</li>

            <li>requestsでアクセスしてみよう</li>

        </ol>

    </body>

</html>
```

Webブラウザはこのデータを使って表示してるんだよ。

インターネットの裏方にちょっと近くなった感じがするね。

テキストファイルに書き込む：open、close

インターネット上のHTMLファイルを読み込めたので、これをパソコンに保存してみましょう。ファイルに書き込む命令を使います。

書式：ファイルに書き込む（open、close）

```
f = open(ファイル名, mode="w")  ············· ファイルを書き込みモードで開く
f.write(書き込む値)  ······················· データを書き込む
f.close()  ······························· ファイルを閉じる
```

「open(ファイル名, mode="w")」でファイルを書き込みモードで開いて「write(書き込む値)」でデータを書き込み、処理が終わったら「close()」で閉じます。

インターネットから取得したデータを、ファイルに書き出してみましょう。

chap1/chap1-2.py

```
import requests

url = "https://www.ymori.com/books/python2nen/test1.html"
response = requests.get(url)  ············ Webページを取得する

response.encoding = response.apparent_encoding  ····· 文字化けしないようにする

filename = "download.txt"
f = open(filename, mode="w")  ··········· ファイルを書き込みモードで開いて

f.write(response.text)  ··················· インターネットから取得したデータを書き込んで

f.close()  ······························· 最後にファイルを閉じる
```

実行すると「download.txt」というテキストファイルが作られます。前項の最後に見たWebページのデータが保存されています。

openでファイルを開くとき、書き込みモード以外にもいろいろなモードを指定できます。

open のいろいろなモード

"r"	読み込み用 (デフォルト)
"w"	書き込み用
"a"	追加書き込み用
"t"	テキストモード (デフォルト)
"b"	バイナリーモード

 テキストファイルに書き込む：with文

「ファイルを開いたら、閉じる」というのは必ずセットで行うことなので、省略して書く方法があります。それが「with文」です。

書式：ファイルに書き込む（with 文）

```
with open(ファイル名, mode="w") as f: …ファイルを書き込みモードで開く
    f.write(書き込む値) …………………データを書き込む
```

「with as」でファイルを開いて、「開いたときにすること」をインデントして書くだけです。「close()」を書かなくていいので、閉じわすれのエラーがなくなります。また、インデント部分だけを見ればどんな処理をしているのかがわかるので、見やすくなります。

with文を使って、インターネット上から読み込んだデータを、ファイルに書き出してみましょう。

chap1/chap1-3.py

```
import requests

url = "https://www.ymori.com/books/python2nen/test1.html"
response = requests.get(url) ……………Webページを取得する

response.encoding = response.apparent_encoding …… 文字化けしないようにする

filename = "download.txt"
with open(filename, mode="w") as f: …ファイルを書き込みモードで開いて
    f.write(response.text) ………………インターネットから取得したデータを書き込む
```

実行するとchap1-2.pyと同じく「download.txt」というテキストファイルが作られます。

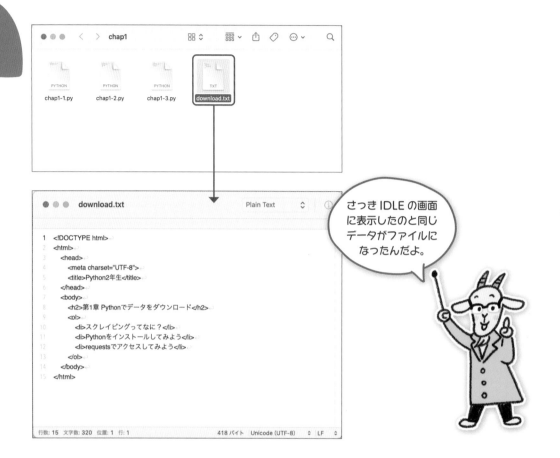

```
1  <!DOCTYPE html>
2  <html>
3    <head>
4      <meta charset="UTF-8">
5      <title>Python2年生</title>
6    </head>
7    <body>
8      <h2>第1章 Pythonでデータをダウンロード</h2>
9      <ol>
10       <li>スクレイピングってなに？</li>
11       <li>Pythonをインストールしてみよう</li>
12       <li>requestsでアクセスしてみよう</li>
13     </ol>
14   </body>
15 </html>
```

さっきIDLEの画面に表示したのと同じデータがファイルになったんだよ。

やった〜！ ファイルができたよ。開いたらちゃんと文字が入ってる！

インターネットのデータを読み込んで、ファイルに書き出した。つまり、Pythonでインターネットのデータをダウンロードしたってわけだ。

プログラムの中のURLを変えたら、知ってるWebページのデータもダウンロードできる？

もちろんできるよ。いろんなページを調べてみよう。ただし、普通のページはもっと複雑なデータでできていて、ファイルが大きくなるので気をつけて。

第2章
HTMLを解析しよう

Beautiful Soup を
インストールしよう

HTMLを
解析してみよう
・
青空文庫の作品を
取得してみよう

インターネットの電子図書館、青空文庫へようこそ。

「青空文庫、新館準備中」

リンク一覧を
ファイルに書き出そう

第1章 Pythonでデータをダウンロード

1. スクレイピングってなに？
2. Pythonをインストールしてみよう
3. requestsでアクセスしてみよう

第2章 HTMLを解析しよう

1. HTMLを解析してみよう
2. 青空文庫の作品を取得してみよう
3. リンク一覧をファイルに書き出そう
4. 画像を一括ダウンロードしよう

リンク1 リンク2

リンク1
https://www.ymori.com/books/python2nen/test1.html
リンク2
https://www.ymori.com/books/python2nen/test3.html

画像を一括ダウンロードしよう

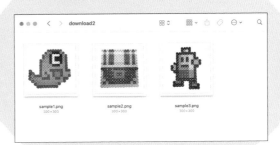

sample1.png
300×300

sample2.png
300×300

sample3.png
300×300

HTMLを
解析してみよう

さあ、これから HTML を解析していきます。解析ってどんなことをするのでしょうか。

インターネットからデータをダウンロードできたのはいいけど、ゴチャゴチャしてて見にくいねー。

これはHTMLのデータだからね。Webページは「タイトル」とか「見だし」とか「画像」とかいろいろな要素で作られている。

いろいろな部品でできてるってことね。

その要素1つ1つは、タグ（<タグ名>）と呼ばれる記号で囲まれて表現されている。これがゴチャゴチャしてるように見えるんだね。でも逆にいうと、要素はタグを目印に取り出せるんだ。

簡単にいうけど、見つけるのってひと苦労だよ。

そこでライブラリの登場だ。HTMLを渡すと、必要な要素データをパッと取り出せるんだよ。これが「Beautiful Soup」だ。

名前の由来は「不思議の国のアリス」に出てくる詩らしいんだけど、「いろいろな要素が入ったHTMLスープの中から、目的のおいしい要素を見つける機能」といった感じかな。

アタシが好きなスープはね。栗かぼちゃのポタージュスープだよー。

LESSON
04

Beautiful Soupをインストールする

　HTMLを簡単に解析できるライブラリがあります。それが「Beautiful Soup」です。外部ライブラリなので、以下の手順でインストールしましょう。くわしくは、1章のLESSON 03「requestsでアクセスしてみよう」の「ライブラリのインストール方法」を参考にしてください。現在は、バージョン4のbeautifulsoup4をインストールします。

①-1 Windowsにインストールするときは、コマンドプロンプトを使います

```
py -m pip install beautifulsoup4
```

①-2 macOSにインストールするときは、ターミナルを使います

```
python3 -m pip install beautifulsoup4
```

Beautiful Soupで解析する

　Beautiful Soupを使うときは、まずライブラリをimportします。Beautiful Soupは、bs4というパッケージに入っているので「from bs4 import BeautifulSoup」と指定して使います。
　解析するには、まず1章で行ったように、requestsでインターネットからWebページを取得します。次に、そのHTMLデータ（.content）を「BeautifulSoup(HTMLデータ, "html.parser")」に渡します。たったこれだけで解析が終わります。

HTML を解析する

```
from bs4 import BeautifulSoup ·································importする
soup = BeautifulSoup(html.content, "html.parser") ····HTMLを解析する
```

1章で用意した「test1.html」を読み込んで解析してみましょう。ちゃんと読み込まれたか、返ってきた値を表示してみましょう。

chap2/chap2-1.py

```python
import requests
from bs4 import BeautifulSoup

# Webページを取得して解析する
load_url = "https://www.ymori.com/books/python2nen/test1.html"
html = requests.get(load_url)
soup = BeautifulSoup(html.content, "html.parser")

# HTML全体を表示する
print(soup)
```

出力結果

```
<!DOCTYPE html>


<html>

<head>

<meta charset="utf-8"/>

<title>Python2年生</title>

</head>

<body>

<h2>第1章 Pythonでデータをダウンロード</h2>

<ol>

<li>スクレイピングってなに？</li>

<li>Pythonをインストールしてみよう</li>

<li>requestsでアクセスしてみよう</li>

</ol>

</body>

</html>
```

うまく仕上がったかな？

読み込んだHTMLがそのまま表示されているだけのように見えますが、これが解析したあとの状態です。ここからいろいろな要素を取り出していきます。

タグを探して表示する

では、要素を探して取り出してみましょう。検索は簡単。「タグ名を指定するだけ」です。「soup.find("タグ名")」と命令しましょう。これは、指定したタグの要素を1つ見つけて取り出す命令です。

書式：タグを探して要素を取り出す

```
要素 = soup.find("タグ名")
```

```html
<!DOCTYPE html>
<html>
    <head>
        <meta charset="utf-8"/>
        <title>Python2年生</title>
    </head>
    <body>
        <h2>第1章 Pythonでデータをダウンロード</h2>
        <ol>
            <li>スクレイピングってなに？</li>
            <li>Pythonをインストールしてみよう</li>
            <li>requestsでアクセスしてみよう</li>
        </ol>
    </body>
</html>
```

soup.find("title")

soup.find("h2")

soup.find("li")

titleタグ、h2タグ、liタグを検索して、表示してみましょう。

chap2/chap2-2.py

```python
import requests
from bs4 import BeautifulSoup

# Webページを取得して解析する
load_url = "https://www.ymori.com/books/python2nen/test1.html"
html = requests.get(load_url)
soup = BeautifulSoup(html.content, "html.parser")

# title、h2、liタグを検索して表示する
print(soup.find("title"))
print(soup.find("h2"))        ……………… タグを検索して表示
print(soup.find("li"))
```

出力結果

```
<title>Python2年生</title>

<h2>第1章 Pythonでデータをダウンロード</h2>

<li>スクレイピングってなに?</li>
```

要素が3つ表示されましたね。でもこれだとタグつきの状態なので、ここから文字列だけを取り出しましょう。文字列を取り出すにはそれぞれの命令の最後に「.text」をつけます。

chap2/chap2-3.py

```python
import requests
from bs4 import BeautifulSoup

# Webページを取得して解析する
load_url = "https://www.ymori.com/books/python2nen/test1.html"
html = requests.get(load_url)
soup = BeautifulSoup(html.content, "html.parser")

# title、h2、liタグを検索して、その文字列を表示する
print(soup.find("title").text)
print(soup.find("h2").text)        ……………… .textを追加
print(soup.find("li").text)
```

出力結果

```
Python2年生
第1章 Pythonでデータをダウンロード
スクレイピングってなに?
```

これで、Webページから指定したタグの文字列を取り出すことができました。

すべてのタグを探して表示する

　.find("タグ名")を使うと、要素を見つけることができますが、取得できるのは見つかった最初の1つだけです。一般的なWebページには同じ要素はもっとたくさんあります。そこで、次は「すべての要素」を探してみましょう。

　テスト用として、同じ要素を少し増やした「test2.html」を用意しました。

test2.html

```html
<!DOCTYPE html>
<html>
    <head>
        <meta charset="UTF-8">
        <title>Python2年生</title>
    </head>
    <body>
        <div id="chap1">
            <h2>第1章 Pythonでデータをダウンロード</h2>
            <ol>
                <li>スクレイピングってなに？</li>
                <li>Pythonをインストールしてみよう</li>
                <li>requestsでアクセスしてみよう</li>
            </ol>
        </div>`
        <div id="chap2">
            <h2>第2章 HTMLを解析しよう</h2>
            <ol>
                <li>HTMLを解析してみよう</li>
                <li>青空文庫の作品を取得してみよう</li>
                <li>リンク一覧をファイルに書き出そう</li>
                <li>画像を一括ダウンロードしよう</li>
            </ol>
        </div>

        <a href="https://www.ymori.com/books/python2nen/test1.↵
html">リンク1</a>
        <a href="./test3.html">リンク2</a><br/>
```

```
        <img src="https://www.ymori.com/books/python2nen/ ↵
    sample1.png">
        <img src="./sample2.png">
        <img src="./sample3.png">
    </body>
</html>
```

　この「test2.html」はWeb上に用意してあり、以下のような表示になります。このHTMLをスクレイピングしてみましょう。

＜Python2年生のテスト用ページ＞
https://www.ymori.com/books/python2nen/test2.html

第1章 Pythonでデータをダウンロード

1. スクレイピングってなに？
2. Pythonをインストールしてみよう
3. requestsでアクセスしてみよう

第2章 HTMLを解析しよう

1. HTMLを解析してみよう
2. 青空文庫の作品を取得してみよう
3. リンク一覧をファイルに書き出そう
4. 画像を一括ダウンロードしよう

リンク1 リンク2

わっ、文章だけ
じゃなくて画像も
入ってるよ。

　すべての要素を探すときは、「soup.find_all("タグ名")」を使います。タグをすべて検索して、見つかった要素をリスト形式で返します。リストの中身はfor文を使えば、1つずつ取り出せます。

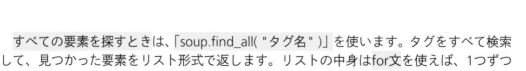

書式：すべてのタグを探して要素を取り出す

```
要素のリスト = soup.find_all("タグ名")
```

```
<!DOCTYPE html>
<html>
    <head>
        <meta charset="UTF-8">
        <title>Python2年生</title>
    </head>
    <body>
        <div id="chap1">
            <h2>第1章 Pythonでデータをダウンロード</h2>
            <ol>
                <li>スクレイピングってなに？</li>
                <li>Pythonをインストールしてみよう</li>
                <li>Requestsでアクセスしてみよう</li>
            </ol>
        </div>
        <div id="chap2">
            <h2>第2章 HTMLを解析しよう</h2>
            <ol>
                <li>HTMLを解析してみよう</li>
                <li>ニュースの最新記事一覧を取得してみよう</li>
                <li>青空文庫の作品を取得してみよう</li>
                <li>画像を一括ダウンロードしよう</li>
            </ol>
        </div>
        ……中略……
    </body>
```

```
soup.find_all("li")
```

それでは、ページのすべてのliタグを探して、表示しましょう。

chap2/chap2-4.py

```python
import requests
from bs4 import BeautifulSoup

# Webページを取得して解析する
load_url = "https://www.ymori.com/books/python2nen/test2.html"
html = requests.get(load_url)
soup = BeautifulSoup(html.content, "html.parser")

# すべてのliタグを検索して、その文字列を表示する
for element in soup.find_all("li"):
    print(element.text)
```
………… すべてのliタグを検索して表示

出力結果

スクレイピングってなに？

Pythonをインストールしてみよう

requestsでアクセスしてみよう

HTMLを解析してみよう

青空文庫の作品を取得してみよう

リンク一覧をファイルに書き出そう

画像を一括ダウンロードしよう

ページの中のすべてのliタグの文字列が表示されたね。

すごーい。全部の項目が一気に出てきたよ。でも、どれが1章で、どれが2章かわからないかな。

そうだね。例えば「2章の項目はなんだろう」って調べたいときは、余分な情報も入ってる。

うん。せっかく便利なのに混ざってるのは困るな。

そういうときは、検索範囲を絞り込むんだ。

検索範囲を絞り込む？

さっきは「ページ内のすべてのliタグ」を探したけど、「ページ内のすべての」じゃなく「2章の要素の」と絞り込めば「2章の項目だけ」を取り出せるというわけだ。

「どの中を見るか」をおしえてあげればいいってわけね。

idやclassで検索範囲を絞り込む

Webページはたくさんの要素でできています。このとき「要素の種類」を区別しやすくするために、「id属性」や「class属性」で固有の名前をつけることができます。

例えば「test2.html」では、1章に「<div id="chap1">」、2章に「<div id="chap2">」とid属性に固有の名前をつけて区別しています。

```html
<!DOCTYPE html>
<html>
    <head>
        <meta charset="UTF-8">
        <title>Python2年生</title>
    </head>
    <body>
        <div id="chap1">
            <h2>第1章 Pythonでデータをダウンロード</h2>
            <ol>
                <li>スクレイピングってなに？</li>
                <li>Pythonをインストールしてみよう</li>
                <li>Requestsでアクセスしてみよう</li>
            </ol>
        </div>
        <div id="chap2">
            <h2>第2章 HTMLを解析しよう</h2>
            <ol>
                <li>HTMLを解析してみよう</li>
                <li>青空文庫の作品を取得してみよう</li>
                <li>リンク一覧をファイルに書き出そう</li>
                <li>画像を一括ダウンロードしよう</li>
            </ol>
        </div>
        ……中略……
    </body>
```

<div id="chap1">

<div id="chap2">

Beautiful Soupでは、この「id属性」や「class属性」の名前を使い、範囲を絞り込んで検索することができます。

書式：idで探して要素を取り出す

```
要素 = soup.find(id="id名")
```

書式：classで探して要素を取り出す

```
要素 = soup.find(class_="class名")
```
※「class」はPythonの予約語でそのままでは使えないので「class_」と書きます。

```
<!DOCTYPE html>
<html>
    <head>
        <meta charset="UTF-8">
        <title>Python2年生</title>
    </head>
    <body>
        <div id="chap1">
            <h2>第1章 Pythonでデータをダウンロード</h2>
            <ol>
                <li>スクレイピングってなに？</li>
                <li>Pythonをインストールしてみよう</li>
                <li>Requestsでアクセスしてみよう</li>
            </ol>
        </div>
        <div id="chap2">
            <h2>第2章 HTMLを解析しよう</h2>
            <ol>
                <li>HTMLを解析してみよう</li>
                <li>青空文庫の作品を取得してみよう</li>
                <li>リンク一覧をファイルに書き出そう</li>
                <li>画像を一括ダウンロードしよう</li>
            </ol>
        </div>
        ……中略……
    </body>
</html>
```

```
soup.find(id="chap2")
```

MEMO **id属性とclass属性**

id 属性と class 属性は、「要素を他の要素と区別するもの」としては似ていますが、以下のような違いがあります。

id 属性
ページ内に1つしかない要素に使います。ページ内に1つしかないものにつける名前なので、1つの HTML ファイル内に同じ名前は1つしか使えません。

class 属性
同じデザインの要素に使います。ページ内に同じデザインの要素が並ぶことはあるので、1つの HTML ファイル内に同じ名前を複数使えます。1つの HTML ファイル内に1つしかない場合もあります。

まず、「2章の要素」を取得してみましょう。「<div id="chap2">」なので、idが「chap2」の要素を検索します。

chap2/chap2-5.py

```python
import requests
from bs4 import BeautifulSoup

# Webページを取得して解析する
load_url = "https://www.ymori.com/books/python2nen/test2.html"
html = requests.get(load_url)
soup = BeautifulSoup(html.content, "html.parser")

# idで検索して、そのタグの中身を表示する
chap2 = soup.find(id="chap2")
print(chap2)
```

.... idが「chap2」の範囲の要素を表示

出力結果

```
<div id="chap2">

<h2>第2章　HTMLを解析しよう</h2>

<ol>

<li>HTMLを解析してみよう</li>

<li>青空文庫の作品を取得してみよう</li>

<li>リンク一覧をファイルに書き出そう</li>

<li>画像を一括ダウンロードしよう</li>

</ol>

</div>
```

idを指定することで
該当するidの範囲に
絞り込まれたね。

2章の要素が取得できましたね。これで検索範囲を絞り込むことができました。今度は、この要素に対してすべてのliタグを探してみましょう。

chap2/chap2-6.py

```python
import requests
from bs4 import BeautifulSoup

# Webページを取得して解析する
load_url = "https://www.ymori.com/books/python2nen/test2.html"
html = requests.get(load_url)
soup = BeautifulSoup(html.content, "html.parser")

# idで検索し、その中のすべてのliタグを検索して表示する
chap2 = soup.find(id="chap2")  ·····················idが「chap2」を検索
for element in chap2.find_all("li"):
    print(element.text)  ············その中のliタグの文字列を表示
```

出力結果

文字列だけになって
さらにすっきりした。

```
HTMLを解析してみよう

青空文庫の作品を取得してみよう

リンク一覧をファイルに書き出そう

画像を一括ダウンロードしよう
```

これで「2章の項目だけをすべて取り出す」ことができました。

LESSON
05

青空文庫の作品を
取得してみよう

青空文庫のページの構造を調べて、好きな作品を取り出してみましょう。

ハカセ。そろそろ本物のページで試してみたいな。ニュースのページとか。

いいねえ。ただ、最近ニュースのページはスクレイピングは難しくなってきたんだ。

どういうこと？

少し昔のニュースサイトは、ページの内容が変化しない「静的」なサイトだったから、スクレイピングは比較的簡単だったんだけど、最近のニュースサイトは「動的」になってきて、単純なスクレイピングで情報を取り出すことが難しくなっているんだ。

え～、どうして？

JavaScriptなどのプログラミング言語によって、自動的に更新される動的なページになってきているんだ。そのおかげで時間やユーザーの操作に応じてページ内容が変わって、ニュースページとしてより使いやすくなっているんだよ。

でも、スクレイピングを試してみたいな～。

じゃあ、青空文庫から好きな作品のテキストを取得するのはどうかな？

青空文庫？

青空文庫は、著作権のなくなった文学作品を収集し、インターネット上で公開しているデジタルライブラリだ。多くのボランティアによって運営され、誰でも無料で多くの日本文学作品を読むことができるんだよ。

面白そう。

　青空文庫は、作家名で検索したり、作品名で検索したりできます。作品名などがわかっている場合、右上の検索窓から検索することもできます。

＜青空文庫＞
https://www.aozora.gr.jp

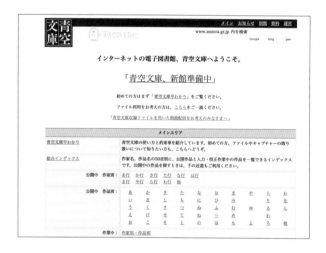

　例として、「芥川龍之介（青空文庫では、竜之介）」の「蜘蛛の糸」を表示させてみましょう。まず「作家別」で❶「あ行」をクリックします。

メインエリア									
青空文庫早わかり	青空文庫の使い方と約束事を紹介しています。初めての方、ファイルやキャプチャーの取り扱いについて知りたい方も、こちらへどうぞ。								
総合インデックス	作家名、作品名の50音別に、公開作品と入力・校正作業中の作品を一覧できるインデックスです。公開中の作品を探すときは、下の近道もご利用ください。								
公開中 作家別：	❶クリック あ行 か行 さ行 た行 な行 は行 ま行 や行 ら行 わ行 他								
公開中 作品別：	あ い	か き	さ し	た ち	な に	は ひ	ま み	や	ら り	わ を

次に❷「芥川竜之助」をクリックし、

ア
1. <u>アーヴィング ワシントン</u>　（公開中：16）
2. <u>アークム フレデリック</u>　（公開中：1）
3. <u>愛知 敬一</u>　（公開中：1）
4. <u>会津 八一</u>　（公開中：12）
5. <u>アインシュタイン アルベルト</u>　（公開中：1）
6. <u>饗庭 篁村</u>　（公開中：3）
7. <u>青木 栄瞳</u>　（公開中：1）　　＊著作権存続＊
8. <u>青木 正児</u>　（公開中：1）
9. <u>青空文庫</u>　（公開中：1）　　＊著作権存続＊
10. <u>青野 季吉</u>　（公開中：1）
11. <u>青柳 喜兵衛</u>　（公開中：1）
12. <u>秋田 雨雀</u>　（公開中：1）
13. <u>秋田 滋</u>　（公開中：7）
14. <u>秋月 種樹</u>　（公開中：2）
15. <u>芥川 紗織</u>　（公開中：5）　　（→<u>間所 紗織</u>）
16. <u>芥川 多加志</u>　（公開中：1）
17. <u>芥川 竜之介</u>　（公開中：379）　❷クリック
18. <u>浅井 洌</u>　（公開中：2）
19. <u>朝倉 克彦</u>　（公開中：1）　　＊著作権存続＊
20. <u>浅沼 稲次郎</u>　（公開中：4）
21. <u>浅野 正恭</u>　（公開中：1）

❸「蜘蛛の糸」をクリックします。

96. <u>鵠沼雑記</u>　　（新字旧仮名、作品ID：2328）
97. <u>孔雀</u>　（新字旧仮名、作品ID：3784）
98. <u>首が落ちた話</u>　　（新字新仮名、作品ID：91）
99. <u>久保田万太郎氏</u>　（新字新仮名、作品ID：43369）
100. <u>久米正雄</u>　――傚久米正雄文体――（新字新仮名、作品
101. <u>久米正雄氏の事</u>　　（新字新仮名、作品ID：43371）
102. <u>蜘蛛の糸</u>　（新字新仮名　❸クリック 2）
103. <u>クラリモンド</u>　（新字旧仮名、作品ID：4311）
104. <u>軍艦金剛航海記</u>　（旧字旧仮名、作品ID：51865）
105. <u>芸術その他</u>　（新字旧仮名、作品ID：4273）

「ファイルのダウンロード」から❹「XHTMLファイル」のリンクをクリックすると、

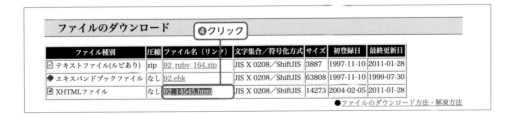

ファイル種別	圧縮	ファイル名（リンク）	文字集合／符号化方式	サイズ	初登録日	最終更新日
📄 テキストファイル(ルビあり)	zip	<u>92_ruby_164.zip</u>	JIS X 0208／ShiftJIS	3887	1997-11-10	2011-01-28
◆ エキスパンドブックファイル	なし	<u>92.ebk</u>	JIS X 0208／ShiftJIS	63808	1997-11-10	1999-07-30
📄 XHTMLファイル	なし	<u>92_14545.html</u>	JIS X 0208／ShiftJIS	14273	2004-02-05	2011-01-28

❹クリック

●ファイルのダウンロード方法・解凍方法

「蜘蛛の糸」のページが表示されます。

LESSON
05

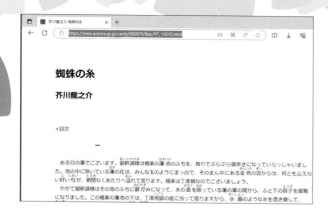

 ## 必要な情報をタグで絞り込もう

この「蜘蛛の糸」のページから「タイトル」や「本文」のテキストを抜き出してみましょう。ページのURLを見ると、「https://www.aozora.gr.jp/cards/000879/files/92_14545.html」だとわかります。

まずは、このページが「どのような構造になっているか」を調べる必要があります。このページをBeautiful Soupで読み込んで表示してみましょう。

chap2/chap2-7.py

```python
import requests
from bs4 import BeautifulSoup

load_url = "https://www.aozora.gr.jp/cards/000879/files/92_↵
14545.html"
html = requests.get(load_url)
soup = BeautifulSoup(html.content, "html.parser")
print(soup)
```

出力データが多い場合、「Squeezed text (184 lines).」などと1行にまとめて表示されていることがあります。その場合、これをダブルクリックすると展開されて表示されます。

```
Squeezed text (184 lines).
```

出力結果

```
<?xml version="1.0" encoding="Shift_JIS"?>
<!DOCTYPE html PUBLIC "-//W3C//DTD XHTML 1.1//EN"
    "http://www.w3.org/TR/xhtml11/DTD/xhtml11.dtd">
（略）
<body>
<div class="metadata">
<h1 class="title">蜘蛛の糸</h1>
<h2 class="author">芥川龍之介</h2>
<br/>
<br/>
</div>
<div id="contents" style="display:none"></div><div class=↵
"main_text"><br/>
<div class="jisage_8" style="margin-left: 8em"><h4 class=↵
"naka-midashi"><a class="midashi_anchor" id="midashi10">一</a>↵
</h4></div>
<br/>
　ある日の事でございます。<ruby><rb>御釈迦様</rb><rp>（</rp><rt>おしゃか↵
さま</rt><rp>）</rp></ruby>は極楽の<ruby><rb>蓮池</rb><rp>（</rp>↵
<rt>はすいけ</rt><rp>）</rp></ruby>のふちを、独りでぶらぶら御歩きになって↵
いらっしゃいました。
（略）
</div></body>
</html>
```

bodyタグの中を見ると、タイトルは「<h1 class="title">蜘蛛の糸</h1>」に、著者名は「<h2 class="author">芥川龍之介</h2>」にあるのがわかります。

タイトルはclass属性「title」のh1タグに、著者名はclass属性「author」のh2タグにあるということです。

そこで、「タグ」と「class属性」を使って要素を見つけましょう。

書式：タグと class 属性で要素を取り出す

```
要素 = soup.find("タグ名", class_="class名")
```

タイトル要素を取り出すには、以下の命令で行えます。

```
title = soup.find("h1", class_="title")
print("タイトル：",title.text)
```

著者名要素を取り出すには、以下の命令で行えます。

```
author = soup.find("h2", class_="author")
print("作者：",author.text)
```

そして、「本文」ですが、「<div class="main_text">」から下にあるのがわかります。class属性「main_text」のdivタグに、入っていることがわかります。そこで、以下の命令で取り出しましょう。

```
content = soup.find("div", class_="main_text")
```

しかし、本文のデータをよく見ると「ある日の事でございます。<ruby><rb>御釈迦様</rb><rp>（</rp><rt>おしゃかさま</rt><rp>）</rp></ruby>は極楽の」のように、タグがいろいろついています。これは、ページ上に表示する「ふりがな（ruby）」のデータが含まれているためです。

ある日の事でございます。御釈迦様（おしゃかさま）は極楽の

　なんとか「ふりがな」を削除した「本文のみ」のテキストデータを取得したいと思うのですが、実は「.text」で文字列のみを取り出すだけで、「ふりがな」が削除されます。rubyタグの中では、「rbタグの中のみ」が本文として扱われ、rpタグやrtタグの中身は「補助的な要素」として無視されるのです。

　ですので、以下のように命令するだけで本文を取り出すことができます。

LESSON
05

```
content = soup.find("div", class_="main_text")
print("本文：",content.text)
```

実際に試してみましょう。

chap2/chap2-8.py

```
import requests
from bs4 import BeautifulSoup

load_url = "https://www.aozora.gr.jp/cards/000879/files/92_↵
14545.html"
html = requests.get(load_url)
soup = BeautifulSoup(html.content, "html.parser")

title = soup.find("h1", class_="title")
print("タイトル：",title.text)
author = soup.find("h2", class_="author")
print("作者：",author.text)
content = soup.find("div", class_="main_text")
print("本文：",content.text)
```

出力結果

タイトル： 蜘蛛の糸

作者： 芥川龍之介

本文：

一

　ある日の事でございます。御釈迦様は極楽の蓮池のふちを、独りでぶらぶら御歩きになっていらっしゃいました。池の中に咲いている蓮の花は、みんな玉のようにまっ白で、そのまん中にある金色の蕊からは、何とも云えない好い匂が、絶間なくあたりへ溢れて居ります。極楽は丁度朝なのでございましょう。

　やがて御釈迦様はその池のふちに御佇みになって、水の面を蔽っている蓮の葉の間から、ふと下の容子を御覧になりました。この極楽の蓮池の下は、丁度地獄の底に当って居りますから、水晶のような水を透き徹して、三途の河や針の山の景色が、丁度覗き眼鏡を見るように、はっきりと見えるのでございます。

（略）

　しかし極楽の蓮池の蓮は、少しもそんな事には頓着致しません。その玉のような白い花は、御釈迦様の御足のまわりに、ゆらゆら蕚を動かして、そのまん中にある金色の蕊からは、何とも云えない好い匂が、絶間なくあたりへ溢れて居ります。極楽ももう午に近くなったのでございましょう。

（大正七年四月十六日）

やったー！「蜘蛛の糸」が表示されたよ。別の作品も取り出してみたいな。

長い作品も、短い作品もいろいろあるよ。

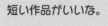

短い作品がいいな。

「小泉八雲」の「貉（むじな）」や、「新美南吉」の「ごん狐」、「楠山正雄」の「ねずみの嫁入り」などが短いかな。

みんな「どうぶつの話」だね。

URLを紹介するよ。

『貉（むじな）』：小泉八雲
https://www.aozora.gr.jp/cards/000258/files/42928_15332.html

『ごん狐』：新美南吉
https://www.aozora.gr.jp/cards/000121/files/628_14895.html

『ねずみの嫁入り』：楠山正雄
https://www.aozora.gr.jp/cards/000329/files/18335_11944.html

※これらは、2024年3月現在でのURLですが、URLは振り直しされることがあります。その場合、p.54からの検索方法で
URLを見つけてください。

LESSON
06

リンク一覧をファイルに 書き出そう

ページ内のすべてのリンクを検索して、その結果をリンク一覧としてファイルに書き出してみましょう。

次は、「ページ内のすべてのリンク」を検索してみようか。そして、検索結果をリンク一覧としてファイルに書き出すんだ。

「リンク一覧自動作成プログラム」ってことね。ちょっと欲しいかも。

 ## すべてのリンクタグのhref属性を表示する

まずは、「test2.html」のページ内のリンク一覧を取得してみましょう。

すべてのリンク、つまりすべてのaタグを検索します。文字列だったら「.text」で取り出せますが、リンクのURLはタグの中に「href="URL"」と書かれています。これを取り出すには、「.get(属性名)」を使います。また、imgタグの「src="URL"」を取り出すのも、同じように「.get(属性名)」を使います。

書式：要素の属性の値を取り出す

値 = 要素.get("属性名")

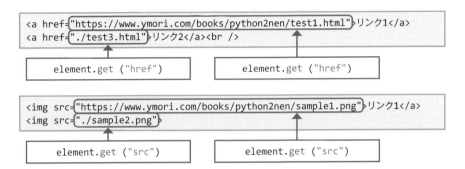

```
<a href="https://www.ymori.com/books/python2nen/test1.html">リンク1</a>
<a href="./test3.html">リンク2</a><br />
```
element.get ("href")　　　element.get ("href")

```
<img src="https://www.ymori.com/books/python2nen/sample1.png">リンク1</a>
<img src="./sample2.png">
```
element.get ("src")　　　element.get ("src")

「すべてのaタグ」は、「for element in soup.find_all("a"):」で、1つずつ取り出せます。この文字列とリンクを表示させましょう。リンクは要素のhref属性の値なので「url = element.get("href")」と指定すれば取り出せます。

chap2/chap2-9.py

```python
import requests
from bs4 import BeautifulSoup

# Webページを取得して解析する
load_url = "https://www.ymori.com/books/python2nen/test2.html"
html = requests.get(load_url)
soup = BeautifulSoup(html.content, "html.parser")

# すべてのaタグを検索して、リンクを表示する
for element in soup.find_all("a"): ……………すべてのaタグを検索
    print(element.text)
    url = element.get("href") ………………href属性を取り出す
    print(url)
```

絶対 URL と相対 URL の
違いと利用方法を
覚えておこう！

出力結果

```
リンク1

https://www.ymori.com/books/python2nen/test1.html ……………絶対URL

リンク2

./test3.html ……………相対URL
```

　「test2.html」には2つのリンクがあるので、リンクが2つ表示されましたが、この2つは少し違いがあります。リンク1は普通のURLですね。このまま入力すればアクセスできる「絶対URL」です。これに対して、リンク2のほうは短いですね。これは「このページから見てどこにあるか」を表している「相対URL」です。「絶対URL」は、そのままURLとして使えますが、「相対URL」はそのままでは使えません。「相対URL」を「絶対URL」に変換しましょう。

 ## すべてのリンクタグのhref属性を絶対URLで表示する

　「相対URL」を「絶対URL」に変換するには、「urllibライブラリ」の「parse.urljoin(ベースURL, 調べるURL)」を使います。
　ベースURL（どのページから見たURLなのか）と、調べるURLを渡します。「調べるURL」が、絶対URLなら「そのままのURL」、相対URLなら「ベースURLと連結させた絶対URL」を返します。urllibをimportして、URLの変換処理を追加してみましょう。

 chap2/chap2-10.py

```python
import requests
from bs4 import BeautifulSoup
import urllib

# Webページを取得して解析する
load_url = "https://www.ymori.com/books/python2nen/test2.html"
html = requests.get(load_url)
soup = BeautifulSoup(html.content, "html.parser")

# すべてのaタグを検索し、リンクを絶対URLで表示する
for element in soup.find_all("a"):
```

```
print(element.text)
url = element.get("href")
link_url = urllib.parse.urljoin(load_url, url) ········ 絶対URLを取得
print(link_url)
```

出力結果

```
リンク1

https://www.ymori.com/books/python2nen/test1.html

リンク2

https://www.ymori.com/books/python2nen/test3.html
```

相対 URL も
絶対 URL にして
表示できた！

LESSON
06

どちらも絶対URLで表示されました。これで、リンク一覧として使えそうですね。

リンク一覧自動作成プログラム

　最後にこれをファイルに書き込みましょう。保存先のファイル名を決めて(例：linklist. txt)、書き込みモードにして開き、検索結果が出るたびに「.write(値)」で書き足していきます。そのまま書き足していくと、全部がつながった1行になってしまうので、改行コードを入れていきます。改行コードは「\n」です。

chap2/chap2-11.py

```python
import requests
from bs4 import BeautifulSoup
import urllib

# Webページを取得して解析する
load_url = "https://www.ymori.com/books/python2nen/test2.html"
html = requests.get(load_url)
soup = BeautifulSoup(html.content, "html.parser")

# ファイルを書き込みモードで開く
```

```
filename = "linklist.txt"
with open(filename, "w") as f:·····································ファイルを開いて
    # すべてのaタグを検索し、リンクを絶対URLで書き出す
    for element in soup.find_all("a"):
        url = element.get("href")
        link_url = urllib.parse.urljoin(load_url, url)
        f.write(element.text+"\n")·······················ファイルに書き込む
        f.write(link_url+"\n")
        f.write("\n")
```

出力結果 linklist.txt

> リンク1
>
> https://www.ymori.com/books/python2nen/test1.html
>
> リンク2
>
> https://www.ymori.com/books/python2nen/test3.html

　実行すると、リンク一覧ファイルの「linklist.txt」が作られます。テキストエディタで開くと、リンク情報が並んでいるのがわかります。

LESSON
07

画像を一括
ダウンロードしよう

ページに使われている画像ファイルを調べて、自動的にすべてダウンロードしてみましょう。

次は、「ページ内の画像を一括ダウンロードするプログラム」を作ってみよう。

これも欲しいな。「すべての画像を探す」んだから同じ感じでできそうだね。

画像のURLを検索するところは同じ感じでできるね。でも、そのURLを使って複数の画像ファイルをダウンロードするので少し違うよ。

画像ファイルを読み込んで保存する

　まずは、画像ファイルを1枚だけダウンロードするテストプログラムを作ってみましょう。本書のテストページから以下のURLのサンプル画像をダウンロードします。

テストページのサンプル画像
https://www.ymori.com/books/python2nen/sample1.png

　ダウンロードの方法は、requestsでインターネットからデータを取得して、ファイルに書き込むだけです。ただし、画像ファイルはバイナリーファイルなので、ファイルを開くときに「mode="wb"」と指定します。

書式：画像ファイルに書き込む

```
imgdata = requests.get(画像URL)
with open(ファイル名, mode="wb") as f:
    f.write(imgdata.content)
```

　また、保存するときのファイル名が必要なので、URLからファイル名を取り出しましょう。まずは、URLを「/」でリストに分割します。このバラバラにしたURLの一番最後の値がファイル名です。ですので、「filename = image_url.split("/")[-1]」と指定してファイル名を取り出します。リストの[-1]は「後ろから1番目」を表していて、つまり一番最後の値を指しているのです。

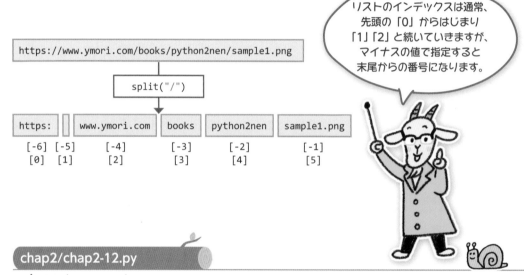

> リストのインデックスは通常、先頭の「0」からはじまり「1」「2」と続いていきますが、マイナスの値で指定すると末尾からの番号になります。

chap2/chap2-12.py

```python
import requests

# 画像ファイルを取得する
image_url = "https://www.ymori.com/books/python2nen/sample1.png"
imgdata = requests.get(image_url)

# URLから最後のファイル名を取り出す
filename = image_url.split("/")[-1] ·············· ファイル名を取得

# 画像データを、ファイルに書き出す
with open(filename, mode="wb") as f: ············ バイナリー書き込みモードで開いて
    f.write(imgdata.content) ························· 画像データを書き込む
```

実行すると、「sample1.png」という画像ファイルが書き出されます。

sample1.png

オバケが出た～～～～！

LESSON
07

 ## ダウンロード用のフォルダを作って保存する

　　次は、複数の画像ファイルをダウンロードするテストプログラムを作ってみましょう。ダウンロード用のフォルダを作り、そこにまとめて書き出します。

　　パソコン上にフォルダを作ったり、そのフォルダにいろいろアクセスしたりするには「Path」を使います。Pathは、標準ライブラリでpathlibというパッケージに入っているので「from pathlib import Path」と指定するだけでimportできます。

　　フォルダ名を指定してPathを作ったら、「.mkdir(exist_ok=True)」と命令すると、フォルダが作られます。また、そのフォルダ内のファイルにアクセスするときは「フォルダ.joinpath("ファイル名")」と、フォルダとファイル名をつなぐだけで、アクセスできるパスを作れます。このパスに画像データを書き出せば、フォルダ内に画像ファイルが作られます。

書式：フォルダを作る

```
フォルダ = Path("フォルダ名")
フォルダ.mkdir(exist_ok=True)
```

書式：フォルダ内のファイルにアクセスするパスを作る

```
フォルダ.joinpath("ファイル名")
```

「download」というフォルダを作って、そこにサンプルの画像ファイルをダウンロードしてみましょう。

chap2/chap2-13.py

```python
import requests
from pathlib import Path

# 保存用フォルダを作る
out_folder = Path("download")
out_folder.mkdir(exist_ok=True) ·····················「download」フォルダを作成

# 画像ファイルを取得する
image_url = "https://www.ymori.com/books/python2nen/sample1.png"
imgdata = requests.get(image_url)

# URLから最後のファイル名を取り出して、保存フォルダ名とつなげる
filename = image_url.split("/")[-1]
out_path = out_folder.joinpath(filename)·······フォルダ名と連結

# 画像データを、ファイルに書き出す
with open(out_path, mode="wb") as f:
    f.write(imgdata.content)
```

出力結果

sample1.png
300×300

また出た～～～～！

実行すると、「download」フォルダの中に「sample1.png」という、画像ファイルが書き出されました。

Chapter 2

HTMLを解析しよう

70

すべてのimgタグの画像ファイルURLを表示する

次は、「test2.html」の画像ファイルのURL一覧を表示するテストプログラムです。直接アクセスして読み込みを行うので絶対URLに変換し、またそのURLの最後の値を取り出して保存するファイル名にして表示します。

chap2/chap2-14.py

LESSON 07

```python
import requests
from bs4 import BeautifulSoup
import urllib

# Webページを取得して解析する
load_url = "https://www.ymori.com/books/python2nen/test2.html"
html = requests.get(load_url)
soup = BeautifulSoup(html.content, "html.parser")

# すべてのimgタグを検索し、リンクを取得する
for element in soup.find_all("img"):          ……………すべてのimgタグを検索
    src = element.get("src")                  …………………src属性を取得

    # 絶対URLと、ファイルを表示する
    image_url = urllib.parse.urljoin(load_url, src)  ……… 絶対URLを取得
    filename = image_url.split("/")[-1]       ………ファイル名を取得
    print(image_url, ">>", filename)
```

出力結果

```
https://www.ymori.com/books/python2nen/sample1.png >> sample1.png

https://www.ymori.com/books/python2nen/sample2.png >> sample2.png

https://www.ymori.com/books/python2nen/sample3.png >> sample3.png
```

画像ファイルの絶対URLと保存するファイル名を求めることができました。

ページ内の画像を一括ダウンロードするプログラム

　さあ、あとはこれらをつなげれば「ページ内の画像を一括ダウンロードするプログラム」のできあがりです。

　「複数の画像ファイルを自動的に連続ダウンロードするプログラム」ですね。プログラムとしては問題なく動きそうなのですが、ここでもう1つ気をつけることがあります。それは、「アクセスし過ぎて相手のサーバーに迷惑をかけないこと」です。そこで、「1回アクセスしたら1秒待つ」というプログラムを追加しましょう。

　「1秒待つ」には、標準ライブラリの「time」を使うのが簡単です。「time.sleep(秒)」という命令で指定した秒数だけプログラムを一時停止させることができます。読み込みが終わったところで、1秒待つ命令を追加します。

書式：1秒待つ

```
import time
time.sleep(1)
```

ここは
エチケットとして
重要だよ。

それでは、ページ内のすべての画像をダウンロードしてみよう。

プログラムが長くなってきて、ちょっと混乱してきたよ。

じゃあ、整理して考えよう。「ページ内のすべての画像の要素を検索する」にはどうすればよかったかな。画像はimgタグだ。

「soup.find_all("img")」を使えば、全部検索できるんだよね。

出てきたimgタグの中に画像URLがあるので、「element.get("src")」で取り出す。

ふむふむ。

でも、絶対URLの場合もあるし、相対URLの場合もある。だから、「urllib.parse.urljoin」で、全部絶対URLに変換する。

いろいろな場合があるからね。

この絶対URLでイメージデータを読み込み、ファイルに書き出せばダウンロードができる。そして、1つダウンロードするたびに、1秒休むようにしてるというわけだ。

長くてややこしいと思ったけど、順番にやってるだけだね。

それでは「ページ内の画像を一括ダウンロードするプログラム」を入力しましょう。少し長いですが、がんばって入力してみてください。

LESSON
07

chap2/chap2-15.py

```python
import requests
from bs4 import BeautifulSoup
from pathlib import Path
import urllib
import time

# Webページを取得して解析する
load_url = "https://www.ymori.com/books/python2nen/test2.html"
html = requests.get(load_url)
soup = BeautifulSoup(html.content, "html.parser")

# 保存用フォルダを作る
out_folder = Path("download2")
out_folder.mkdir(exist_ok=True)

# すべてのimgタグを検索し、リンクを取得する
for element in soup.find_all("img"):
    src = element.get("src")

    # 絶対URLを作って、画像データを取得する
    image_url = urllib.parse.urljoin(load_url, src)
    imgdata = requests.get(image_url)

    # URLから最後のファイル名を取り出して、保存フォルダ名とつなげる
    filename = image_url.split("/")[-1]
    out_path = out_folder.joinpath(filename)
```

```
# 画像データを、ファイルに書き出す
with open(out_path, mode="wb") as f:
    f.write(imgdata.content)

# 1回アクセスしたので1秒待つ
time.sleep(1)
```

出力結果

できたできた〜！　画像ファイルが3つダウンロードされたよ。

こんな感じでいろいろ試してみるといいよ。

第3章
表データを読み書きしよう

この章でやること

pandas を使ってみよう

さまざまな データの加工を してみよう

	名前	国語	数学	英語	理科	社会
0	A太	83	89	76	97	76
1	B介	66	93	75	88	76
2	C子	100	84	96	82	94
3	D郎	60	73	63	52	70
4	E美	92	62	84	80	78
5	F菜	96	92			90

Intro duction

matplotlib で グラフを表示しよう

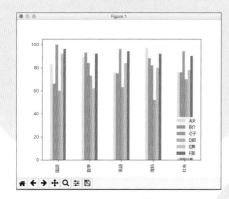

openpyxl で Excel ファイルを 読み書きしよう

pandasを使ってみよう

次は、表データを読み込んでみましょう。表データを使うとなにができるんでしょうか。

次は表データを扱ってみよう。表データは、テキストデータや画像データなどと同じように重要なデータだよ。

数字がいっぱい並んでるやつでしょ。目がチカチカしそうだなー。

大丈夫。表データを簡単に扱えるライブラリがあるんだ。ファイル名を指定するだけで読み込めたり、集計したりできるんだ。

便利なライブラリがあるんだね。

「pandas（パンダス）」っていうライブラリだ。外部ライブラリなのでインストールして使ってみよう。

なになに？　パンダっていうの！？　かわいい〜！

pandasをインストールする

　pandas（パンダス）は、表データを読み込んで、データの追加、削除、抽出、集計、書き出しなどを行える外部ライブラリです。以下の手順でインストールしましょう。
　※くわしくは、1章の「ライブラリのインストール方法」を参考にしてください。

①-1 Windowsにインストールするときは、コマンドプロンプトを使います

```
py -m pip install pandas
```

①-2 macOSにインストールするときは、ターミナルを使います

```
python3 -m pip install pandas
```

LESSON
08

 # 表データってなに？

　表（テーブル）データは、行と列でできているデータです。
　横方向に並んでいる1行は、1件のデータです。例えば住所録データであれば1人分、購入データであれば1品目分、全国人口推移データであれば1都道府県分、などが1件のデータです。「行」や「レコード」や「ロウ」などといいます。「上から何件目のデータかな？」などと見ていきます。
　縦方向に並んでいる1列は、1つの項目です。項目とは、1件のデータが持っているいろいろな要素の種類のことです。例えば住所録データであれば、氏名、ふりがな、住所、電話番号、勤務先、誕生日などがそれぞれ項目です。「列」や「カラム」などといいます。「左から何列目の項目かな？」などと見ていきます。
　1つのマスは、「要素」です。「フィールド」や「入力項目」といいます。表計算ソフトのExcelでは「セル」といいます。

Excelっていうソフトで見たことある！

列（1つの項目）

	名前	国語	数学	英語	理科	社会
0	A太	83	89	76	97	76
1	B介	66	93	75	88	76
2	C子	100	84	96	82	94
3	D郎	60	73	63	52	70
4	E美	92	62	84	80	78
5	F菜	96	92	94	92	90

行（1件のデータ）

要素（1つのマス）

　表データは、一番上の行に「項目名」が並んでいます（ない場合もあります）。「その列がなんの項目なのか」を表しています。これを「ヘッダー」といいます。

　一番左の列に「番号」が並んでいます（ない場合もあります）。「その行が何件目のデータなのか」を表しています。これを「インデックス」といいます。

インデックスは「0」からはじまるので注意しておこう！

ヘッダー（項目名）

	名前	国語	数学	英語	理科	社会
0	A太	83	89	76	97	76
1	B介	66	93	75	88	76
2	C子	100	84	96	82	94
3	D郎	60	73	63	52	70
4	E美	92	62	84	80	78
5	F菜	96	92	94	92	90

インデックス

　表データをファイルに保存するときには、CSVファイルフォーマットがよく使われます。CSVファイルとは、「カンマで区切られたデータが何行も入ったテキストファイル」のことです。ファイルの1行が「1件のデータ」で、カンマで区切られた1つ1つが「要素」です。

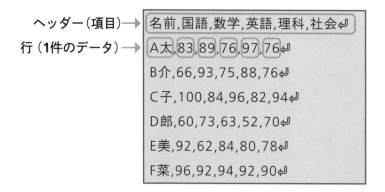

ヘッダー（項目）→ 名前,国語,数学,英語,理科,社会↵
行（1件のデータ）→ A太,83,89,76,97,76↵
B介,66,93,75,88,76↵
C子,100,84,96,82,94↵
D郎,60,73,63,52,70↵
E美,92,62,84,80,78↵
F菜,96,92,94,92,90↵

　データによって、1行目にヘッダーがある場合と、ない場合があります。また、1列目にインデックスがある場合と、ない場合もあります。ですのでデータを読み込むときは、まず「ヘッダーやインデックスがあるかどうか」を確認することも大事です。

MEMO **CSVとは**

CSVとは、Comma（カンマ）Separated（区切られた）Values（値）の略です。基本的にカンマで区切られたデータですが、タブで区切られることもあります。タブで区切ったものをTSV（Tab-Separated Values）と呼ぶこともあります。1行1行は「改行」で区切られます。

CSVファイルを読み込む

LESSON
08

まず、テスト用のCSVファイル「test.csv」を用意しましょう。テキストエディタで、以下のようなテキストファイルを作ってください。（p.10のダウンロードサイトからサンプルファイルをダウンロードして用意することもできます。）そして、次のページのchap3-1.pyのファイルと同じフォルダに入れて使います。

test.csv（サンプルファイル）

```
名前,国語,数学,英語,理科,社会
A太,83,89,76,97,76
B介,66,93,75,88,76
C子,100,84,96,82,94
D郎,60,73,63,52,70
E美,92,62,84,80,78
F菜,96,92,94,92,90
```

プログラムでは最初に、pandasライブラリをimportします。「import pandas as pd」と指定すれば、「pandas」を「pd」という省略名で使えるようになります。

次に、CSVファイルを読み込みましょう。pd.read_csv("ファイル名.csv")という命令を使います。表データが「DataFrame（データフレーム）」として読み込まれます。DataFrameとは「表データをpandasライブラリで使えるようにしたデータ」のことです。これで準備完了です。

DataFrameをそのまま表示してみましょう。ちゃんと読み込まれているのがわかります。

書式：CSV ファイルを読み込む

```
DataFrame = pd.read_csv("ファイル名.csv")
```

chap3/chap3-1.py

```python
import pandas as pd

# CSVファイルを読み込む
df = pd.read_csv("test.csv")
print(df)
```

出力結果

	名前	国語	数学	英語	理科	社会
0	A太	83	89	76	97	76
1	B介	66	93	75	88	76
2	C子	100	84	96	82	94
3	D郎	60	73	63	52	70
4	E美	92	62	84	80	78
5	F菜	96	92	94	92	90

※出力結果は、この誌面上では調整していますが、実際には出力結果のヘッダーと内容がずれて表示されます。これは、pandasのデフォルトでは日本語の扱いがうまくいかないためです。import命令のあとに以下のように命令することで、表記を調整することができますが、うまく等幅フォントを使っていないとずれることがあるようです。

```python
pd.set_option("display.unicode.east_asian_width", True)
```

　まずは、読み込んだデータの情報を調べてみます。データの件数は「len(df)」、項目名は「df.columns.values」、インデックスは「df.index.values」で、調べることができますので、表示してみましょう。

chap3/chap3-2.py

```python
import pandas as pd

# CSVファイルを読み込む
df = pd.read_csv("test.csv")

# 表データの情報を表示
print("データの件数 =",len(df))
print("項目名      =",df.columns.values)
print("インデックス=",df.index.values)
```

出力結果

```
データの件数 = 6
項目名     = ['名前' '国語' '数学' '英語' '理科' '社会']
インデックス= [0 1 2 3 4 5]
```

表データがちゃんと解析されているのがわかりますね。

 列データ、行データを表示する

　それでは、列データを取得してみましょう。1列のデータを取得したいとき、df["列名"]と指定すると1列（1次元）のデータとして、df[["列名"]]と指定すると表（2次元）のデータとして取得できます。両者は似ていますが、表のデータのほうにはヘッダーがついています。また、複数列のデータは、df[["列名1","列名2"]]と、リストで指定して取得できます。こちらは、2次元の表データとして取得できます。

書式：1列のデータ（1次元データ）
```
df["列名"]
```

書式：1列の表データ（2次元データ）
```
df[["列名"]]
```

書式：複数列のデータ
```
df[["列名1","列名2"]]
```

「test.csv」の「国語」と「数学」の列データを表示してみましょう。

列データ

	名前	国語	数学	英語	理科	社会
0	A太	83	89	76	97	76
1	B介	66	93	75	88	76
2	C子	100	84	96	82	94
3	D郎	60	73	63	52	70
4	E美	92	62	84	80	78
5	F菜	96	92	94	92	90

chap3/chap3-3.py

```python
import pandas as pd

# CSVファイルを読み込む
df = pd.read_csv("test.csv")

# 1列の1次元データを表示
print("国語の列の1次元データ\n",df["国語"])

# 1列の表データを表示
print("国語の列の表データ\n",df[["国語"]])

# 複数の列のデータを表示
print("国語と数学の列の表データ\n",df[["国語","数学"]])
```

出力結果

```
国語の列の1次元データ

0       83

1       66

2      100

3       60

4       92

5       96

Name: 国語, dtype: int64

国語の列の表データ

    国語

0   83

1   66

2  100

3   60
```

	国語	数学
4	92	
5	96	

国語と数学の列の表データ

	国語	数学
0	83	89
1	66	93
2	100	84
3	60	73
4	92	62
5	96	92

えっへん！
特定の列だけを
取得できる！

LESSON
08

　続いて、行データを取得してみましょう。1行のデータを取得したいときは、df.loc[行番号]と指定すると1行（1次元）のデータとして、df.loc[[行番号]]と指定すると表（2次元）のデータとして取得できます。また、複数行のデータは、df.loc[[行番号1,行番号2]]と、リストで指定して取得できます。1つの要素は、df.loc[行番号]["列名"]と、行と列を指定することで取得できます。

書式：1列のデータ（1次元データ）
```
df.loc[行番号]
```

書式：1行の表データ（2次元データ）
```
df.loc[[行番号]]
```

書式：複数行のデータ
```
df.loc[[行番号1,行番号2]]
```

書式：1つの要素データ
```
df.loc[行番号]["列名"]
```

　「test.csv」のインデックス「2」行と「3」行のデータと、インデックス「2」行の「国語」の要素を表示してみましょう。

	名前	国語	数学	英語	理科	社会
0	A太	83	89	76	97	76
1	B介	66	93	75	88	76
2	C子	100	84	96	82	94
3	D郎	60	73	63	52	70
4	E美	92	62	84	80	78
5	F菜	96	92	94	92	90

行データ →

要素データ

chap3/chap3-4.py

```python
import pandas as pd

# CSVファイルを読み込む
df = pd.read_csv("test.csv")

# 1行の1次元データを表示
print("C子の行の1次元データ\n",df.loc[2])

# 1行の表データを表示
print("C子の行の表データ\n",df.loc[[2]])

# 複数の行のデータを表示
print("C子とD郎の列の表データ\n",df.loc[[2,3]])

# 指定した行の指定した列のデータを表示
print("C子の国語データ\n", df.loc[2]["国語"])
```

出力結果

```
C子の行の1次元データ

 名前      C子

国語     100

数学      84

英語      96
```

```
理科        82
社会        94
Name: 2, dtype: object
C子の行の表データ
     名前  国語  数学  英語  理科  社会
2    C子   100   84   96   82   94
C子とD郎の列の表データ
     名前  国語  数学  英語  理科  社会
2    C子   100   84   96   82   94
3    D郎    60   73   63   52   70
C子の国語データ
  100
```

特定の行だけも
取得できる！！
どうだい！

 ## 列データ、行データを追加する

DataFrameに列データや、行データを追加することができます。

列データを追加するときは、df["追加列名"] = ["行1要素","行2要素","行3要素",……]と、新しい列を指定して列データを追加します。

行データを追加するときは、df.loc[追加行番号] = ["要素1","要素2","要素3",……]と、新しい行番号を指定して行データを追加します。

 列データを追加する

```
df["追加列名"] = ["行1要素","行2要素","行3要素",……]
```

 行データを追加する

```
df.loc[追加行番号] = ["要素1","要素2","要素3",……]
```

例として「美術」の1列データを追加して、「G恵」という1行のデータを追加してみましょう（追加する要素の数が、追加先の要素の数と違っているとエラーになるので注意しましょう）。

	名前	国語	数学	英語	理科	社会	美術
0	A太	83	89	76	97	76	68
1	B介	66	93	75	88	76	73
2	C子	100	84	96	82	94	82
3	D郎	60	73	63	52	70	77
4	E美	92	62	84	80	78	94
5	F菜	96	92	94	92	90	96

← 列追加

行追加 ↑

| 6 | G恵 | 90 | 92 | 94 | 96 | 92 | 98 |

chap3/chap3-5.py

```python
import pandas as pd

# CSVファイルを読み込む
df = pd.read_csv("test.csv")

# 1列のデータを追加
df["美術"] = [68, 73, 82, 77, 94, 96]
print("列データ（美術）を追加\n",df)

# 1行データを追加
df.loc[6] = ["G恵", 90, 92, 94, 96, 92, 98]
print("行データ（G恵）を追加\n",df)
```

出力結果

```
列データ（美術）を追加

    名前  国語  数学  英語  理科  社会  美術

0   A太   83   89   76   97   76   68

1   B介   66   93   75   88   76   73

2   C子  100   84   96   82   94   82

3   D郎   60   73   63   52   70   77

4   E美   92   62   84   80   78   94

5   F菜   96   92   94   92   90   96
```

行データ（G恵）を追加

	名前	国語	数学	英語	理科	社会	美術
0	A太	83	89	76	97	76	68
1	B介	66	93	75	88	76	73
2	C子	100	84	96	82	94	82
3	D郎	60	73	63	52	70	77
4	E美	92	62	84	80	78	94
5	F菜	96	92	94	92	90	96
6	G恵	90	92	94	96	92	98

列と行の追加も
おてのもの。

LESSON
08

1つ目では「美術」の列が、2つ目ではさらに「G恵」の行が追加されているのがわかります。

 ## 列データ、行データを削除する

今度は、ある列（行）を削除したデータを表示させてみましょう。
指定した列を削除するには、df.drop("列名",axis=1)、指定した行を削除するには、df.drop(行番号,axis=0)と指定します。

書式：指定した列を削除する

```
df = df.drop("列名",axis=1)
```

書式：指定した行を削除する

```
df = df.drop(行番号,axis=0)
```

「名前」の列を削除したデータと、インデックス「2」の行を削除したデータを、表示してみましょう。

chap3/chap3-6.py

```
import pandas as pd

# CSVファイルを読み込む
df = pd.read_csv("test.csv")

# 「名前」の列を削除
```

```
print("「名前」の列を削除\n", df.drop("名前",axis=1))
```

```
# インデックス2の行を削除
print("インデックス2の行を削除\n", df.drop(2,axis=0))
```

出力結果

「名前」の列を削除

	国語	数学	英語	理科	社会
0	83	89	76	97	76
1	66	93	75	88	76
2	100	84	96	82	94
3	60	73	63	52	70
4	92	62	84	80	78
5	96	92	94	92	90

インデックス2の行を削除

	名前	国語	数学	英語	理科	社会
0	A太	83	89	76	97	76
1	B介	66	93	75	88	76
3	D郎	60	73	63	52	70
4	E美	92	62	84	80	78
5	F菜	96	92	94	92	90

削除だって
できるんだ！

1つ目は「名前」の列が、2つ目は「2」の行が削除されているのがわかります。

すごいでしょ！

魔法のようね！

さまざまな データの加工

読み込んだ表データは、抽出したり、集計したり、並べ替えたりして加工することができます。

DataFrame (データフレーム) は、データを追加したり削除したりするだけじゃない。加工もできるんだ。

加工 (かこう) ？

条件に合うデータだけを抽出したり、平均値を求めたり、大きいもの順に並べ替えたりといった加工を簡単にできるんだよ。

かんたんに？ 試してみたーい。

必要な情報を抽出する

条件に合うデータを抽出することができます。例えば、国語の項目が90点以上の行データを抽出したいときは、df[df["国語"] >= 90]と指定します。

 書式：条件に合う行データを抽出する

```
df = df[df["列名"]を使った条件]
```

国語が90点以上の行データと、数学が70点未満の行データを抽出してみましょう。

chap3/chap3-7.py

```python
import pandas as pd

# CSVファイルを読み込む
df = pd.read_csv("test.csv")

# 条件に合うデータを抽出する
data_s = df[df["国語"] >= 90]
print("国語が90点以上\n", data_s)

data_c = df[df["数学"] < 70]
print("数学が70点未満\n", data_c)
```

出力結果

国語が90点以上

	名前	国語	数学	英語	理科	社会
2	C子	100	84	96	82	94
4	E美	92	62	84	80	78
5	F菜	96	92	94	92	90

数学が70点未満

	名前	国語	数学	英語	理科	社会
4	E美	92	62	84	80	78

みんな
すごい点数
とってる。

1つ目は国語が90点以上のデータだけが、2つ目は数学が70点未満のデータだけが表示されているのがわかります。

データを集計する

　表データを集計することができます。最大値はdf["列名"].max()、最小値はdf["列名"].min()、平均値はdf["列名"].mean()、中央値は、df["列名"].median()、合計値はdf["列名"].sum()で求めることができます。

　「数学」の集計を表示してみましょう。

chap3/chap3-8.py

```python
import pandas as pd

# CSVファイルを読み込む
df = pd.read_csv("test.csv")

# 集計（最大値、最小値、平均値、中央値、合計など）をして表示
print("数学の最高点 =", df["数学"].max())
print("数学の最低点 =", df["数学"].min())
print("数学の平均値 =", df["数学"].mean())
print("数学の中央値 =", df["数学"].median())
print("数学の合計 =", df["数学"].sum())
```

出力結果

```
数学の最高点 = 93

数学の最低点 = 62

数学の平均値 = 82.16666666666667

数学の中央値 = 86.5

数学の合計 = 493
```

データを並べ替える

Chapter 3
表データを読み書きしよう

項目を指定してソート（並べ替え）をすることができます。df.sort_values("列名")と命令します。

書式：データをソートする（昇順：小さい値ほど前へ）

```
df = df.sort_values("列名")
```

書式：データをソートする（降順：大きい値ほど前へ）

```
df = df.sort_values("列名",ascending=False)
```

「国語」の点数で降順にソートしてみましょう。

chap3/chap3-9.py

```python
import pandas as pd

# CSVファイルを読み込む
df = pd.read_csv("test.csv")

# ソート（並べ替え）をして表示
kokugo = df.sort_values("国語",ascending=False)
print("国語の点数が高いもの順でソート\n",kokugo)
```

出力結果

	名前	国語	数学	英語	理科	社会
2	C子	100	84	96	82	94
5	F菜	96	92	94	92	90
4	E美	92	62	84	80	78
0	A太	83	89	76	97	76
1	B介	66	93	75	88	76
3	D郎	60	73	63	52	70

国語の点数が高いもの順でソート

行データの順番が「国語」の高い点数順に並べ替えられているね。

行と列を入れ替える

　この他にもデータを加工する方法はいろいろあります。表データの「行」と「列」を入れ替えることができます。例えばDataFrameに「.T」をつけるだけで入れ替わります。また、DataFrameを普通のPythonで使うリストに変換することもできます。DataFrameに「.values」とつけるだけです。

　「test.csv」の行と列を入れ替えて表示したり、リスト化して表示してみましょう。

chap3/chap3-10.py

```
import pandas as pd

# CSVファイルを読み込む
df = pd.read_csv("test.csv")

# 行と列を入れ替える
print("行と列を入れ替える\n", df.T)

# データをリスト化する
print("Pythonのリストデータ化\n", df.values)
```

LESSON
09

出力結果

```
行と列を入れ替える
         0    1     2    3    4    5
名前     A太  B介  C子  D郎  E美  F菜
国語     83   66   100  60   92   96
数学     89   93    84  73   62   92
英語     76   75    96  63   84   94
理科     97   88    82  52   80   92
社会     76   76    94  70   78   90
Pythonのリストデータ化
 [['A太' 83 89 76 97 76]
 ['B介' 66 93 75 88 76]
```

```
['C子' 100 84 96 82 94]
['D郎' 60 73 63 52 70]
['E美' 92 62 84 80 78]
['F菜' 96 92 94 92 90]]
```

CSVファイルに出力する

DataFrameは、CSVファイルに出力することができます。DataFrame.to_csv("ファイル名.csv")という命令を使います。

書式：CSV ファイルに出力する

```
DataFrame.to_csv("ファイル名.csv")
```

書式：CSV ファイルに出力する（インデックスを削除）

```
DataFrame.to_csv("ファイル.csv", index=False)
```

書式：CSV ファイルに出力する（インデックスとヘッダーを削除）

```
DataFrame.to_csv("ファイル.csv", index=False, header=False)
```

「test.csv」を国語の点数でソートして、CSVファイルに出力してみましょう。

chap3/chap3-11.py

```python
import pandas as pd

# CSVファイルを読み込む
df = pd.read_csv("test.csv")

# ソート（国語の点数が高いもの順）
kokugo = df.sort_values("国語",ascending=False)

# CSVファイルに出力する
kokugo.to_csv("export1.csv")
```

出力結果　export1.csv

```
,名前,国語,数学,英語,理科,社会
2,C子,100,84,96,82,94
5,F菜,96,92,94,92,90
4,E美,92,62,84,80,78
0,A太,83,89,76,97,76
1,B介,66,93,75,88,76
3,D郎,60,73,63,52,70
```

書き出された CSV ファイルは
UTF-8 形式なので、Windows の
Excel などで開くと文字化けするこ
とがあります。そのようなときは
メモ帳で開きましょう。

LESSON
09

　同じように「test.csv」を国語の点数でソートして、インデックスを削除してCSVファイルに出力してみましょう。

chap3/chap3-12.py

```python
import pandas as pd

# CSVファイルを読み込む
df = pd.read_csv("test.csv")

# ソート（国語の点数が高いもの順）
kokugo = df.sort_values("国語",ascending=False)

# CSVファイルに出力する（インデックスを削除）
kokugo.to_csv("export2.csv", index=False)
```

出力結果　export2.csv

```
名前,国語,数学,英語,理科,社会
C子,100,84,96,82,94
F菜,96,92,94,92,90
E美,92,62,84,80,78
```

```
A太,83,89,76,97,76

B介,66,93,75,88,76

D郎,60,73,63,52,70
```

さらに「test.csv」を国語の点数でソートして、インデックスとヘッダーを削除してCSVファイルに出力してみましょう。

chap3/chap3-13.py

```python
import pandas as pd

# CSVファイルを読み込む
df = pd.read_csv("test.csv")

# ソート（国語の点数が高いもの順）
kokugo = df.sort_values("国語",ascending=False)

# CSVファイルに出力する（インデックスとヘッダーを削除）
kokugo.to_csv("export3.csv", index=False, header=False)
```

出力結果 export3.csv

```
C子,100,84,96,82,94

F菜,96,92,94,92,90

E美,92,62,84,80,78

A太,83,89,76,97,76

B介,66,93,75,88,76

D郎,60,73,63,52,70
```

これで、CSVファイルを読み込んで、加工や集計をして、CSVファイルとして書き出すことができるようになりました。

※書き出されたCSVファイルはUTF-8形式なので、Excelでそのまま開くと日本語が文字化けします。文字化けしないようにするには、Excelで新規ファイルを作り、CSVファイルを取り込みます。Excel 2021やExcel for Office 365の場合、Excelの「データ」タブをクリックして、リボンから「データの取得と変換」グループの「テキストファイルまたはCSVから」をクリックします。「データの取り込み」画面で取り込むCSVファイルを指定して、「インポート」をクリックします。取り込み方法を指定する画面が開くので、「元のファイル」で「65001：Unicode (UTF-8)」を選択して、「読み込み」をクリックしてください。

グラフで
表示してみよう

読み込んだ表データをグラフで表示してみましょう。

パンダっていうからかわいいと思ったのに、数字ばっかりだよ〜。

じゃあ次は、その表データをグラフに表示してみるよ。

グラフだったらわかりやすいかなー。

グラフを表示させるには「matplotlib」ライブラリを使うよ。
『Python1年生』でも使ったよね。

えっ！そんなのあったっけ？

これから説明するので大丈夫だよ。pandasのplot機能と
matplotlibを組み合わせることで、グラフを簡単に描けるんだ。

また、パンダが出てくるのね！！

matplotlibをインストールする

matplotlibは、いろいろなグラフを表示できる外部ライブラリです。以下の手順でインストールしましょう。くわしくは、1章の「ライブラリのインストール方法」を参考にしてください。

① -1 Windowsにインストールするときは、コマンドプロンプトを使います

```
py -m pip install matplotlib
```

① -2 macOSにインストールするときは、ターミナルを使います

```
python3 -m pip install matplotlib
```

 グラフで表示する

グラフを表示するときは、matplotlibライブラリをimportします。import matplotlib.pyplot as pltと指定すると、matplotlibを「plt」という省略名で使えます。ただしそのままではグラフ内の日本語が文字化けしてしまうのですが、最初に以下の2行を追加することで、文字化けしないようにできます。

書式：matplotlib のグラフで日本語を表示させる

```
plt.rcParams["font.family"] = "sans-serif"
plt.rcParams["font.sans-serif"] = ["Hiragino Maru Gothic Pro", ↵
"Hiragino sans", "BIZ UDGothic", "MS Gothic"]
```

pandasで読み込んだ表データは、pandasの「plot機能」でグラフ化することができます（実際には、pandas内部からmatplotlibの機能を呼び出して利用しているのですが、このおかげで簡単に連携ができます）。

pandasで読み込んだ表データは、DataFrameに「.plot()」を追加して、DataFrame.plot()と命令するだけでグラフ化されます。できたグラフは、plt.show()と命令することで表示されます。

書式：折れ線グラフを作る

```
DataFrame.plot()
```

書式：作ったグラフを表示する

```
plt.show()
```

matplotlibのグラフで日本語を表示させるには、japanize_matplotlibライブラリを使う方法もありますが、Python 3.12から使えなくなっているため別の方法で日本語を表示させました（2024年3月現在）。

「test.csv」を読み込んで、グラフ化して表示してみましょう。

chap3/chap3-14.py

```python
import pandas as pd
import matplotlib.pyplot as plt
plt.rcParams["font.family"] = "sans-serif"
plt.rcParams["font.sans-serif"] = ["Hiragino Maru Gothic Pro",
"Hiragino sans", "BIZ UDGothic", "MS Gothic"]

# CSVファイルを読み込む
df = pd.read_csv("test.csv")

# グラフを作って表示する
df.plot()
plt.show()
```

LESSON 10

出力結果

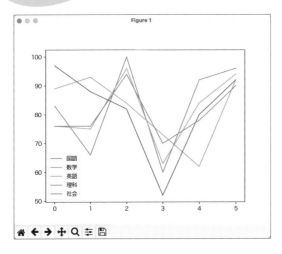

たったこれだけで、表データがグラフになりました。簡単ですね。

ただ、これを見ると気になる点が3つあります。「グラフが折れ線グラフ」だということと、「下の目盛りの数字はなんなのか」ということと、「左下の枠はなんなのか」ということです。

さまざまな種類のグラフを表示する

1つ目の気になる点は、折れ線グラフだということ。

グラフにはいろいろな種類があるけれど、それぞれ目的があって、使い分けが必要なんだよ。

使い分け？

「変化を見たいとき」は折れ線グラフ、「値の大小を比較したいとき」は棒グラフ、「全体の中での割合を見たいとき」は円グラフといったように、「データのなにを伝えたいか」によって使い分けることが重要なんだ。

えへへ、気分で選んでたよ。ダメだったのね。

「test.csv」は、各生徒の点数の比較なので、棒グラフがよさそうです。棒グラフを作るにはDataFrame.plot.bar()を使うので、この命令に変えてみましょう。

書式：棒グラフを作る

```
DataFrame.plot.bar()
```

目的	グラフの種類
変化を見たいとき	折れ線グラフ
値の大小を比較したいとき	棒グラフ
変化の要因を知りたいとき	積み上げ棒グラフ
全体の構成の割合を見たいとき	円グラフ
1次元データの散らばり具合を見たいとき	箱ひげグラフ
変化の大きさを強調して見たいとき	面グラフ

2つ目の気になる点は、下の目盛りの数字がなんなのかということ。
左の目盛りは50〜100で「点数」のようですが、下の目盛りは0〜5で「インデックスの値」が表示されているようです。これだと誰の点数かわかりにくいですね。インデックスを名前に変更しましょう。CSVファイルを読み込むとき、index_col=0と指定すると、一番左の列（今回のデータでは名前の列）をインデックスとして読み込めるようになります。

3つ目の気になる点は、左下に表示されている枠です。

これは、凡例（はんれい）といって、グラフの中で、それぞれの色がなにを表しているのかを表示しています。位置は自動的に表示されるのですが、指定することもできます。例えば、右下に表示させたいときは、plt.legend(loc="lower right")と指定します。

グラフを作ってから、plt.show()で表示させるまでの間に指定します。

書式：凡例の位置を指定する

```
plt.legend(loc="lower right")
```

それでは棒グラフで表示させようと思うのですが、せっかくなので、いろいろなグラフで表示させると、どんな風に変わるかも見てみましょう。

LESSON 10

グラフの種類	命令
棒グラフを作る（垂直）	DataFrame.plot.bar()
棒グラフを作る（水平）	DataFrame.plot.barh()
積み上げ棒グラフ	DataFrame.plot.bar(stacked=True)
箱ひげグラフ	DataFrame.plot.box()
面グラフ	DataFrame.plot.area()

chap3/chap3-15.py

```python
import pandas as pd
import matplotlib.pyplot as plt
plt.rcParams["font.family"] = "sans-serif"
plt.rcParams["font.sans-serif"] = ["Hiragino Maru Gothic Pro", ↵
"Hiragino sans", "BIZ UDGothic", "MS Gothic"]

# CSVファイルを読み込む（名前の列をインデックスで）
df = pd.read_csv("test.csv", index_col=0)

# 棒グラフを作って表示する
df.plot.bar()
plt.legend(loc="lower right")
plt.show()

# 棒グラフ（水平）を作って表示する
df.plot.barh()
```

```
plt.legend(loc="lower left")
plt.show()

# 積み上げ棒グラフを作って表示する
df.plot.bar(stacked=True)
plt.legend(loc="lower right")
plt.show()

# 箱ひげグラフを作って表示する
df.plot.box()
plt.show()

# 面グラフを作って表示する
df.plot.area()
plt.legend(loc="lower right")
plt.show()
```

出力結果

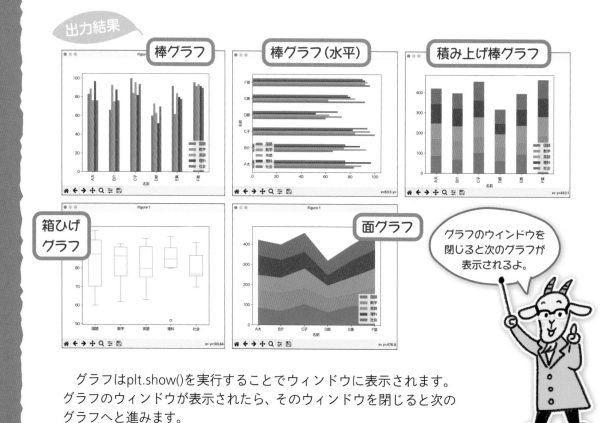

グラフはplt.show()を実行することでウィンドウに表示されます。
グラフのウィンドウが表示されたら、そのウィンドウを閉じると次の
グラフへと進みます。

個別のデータをグラフで表示する

　これまでは、読み込んだすべてのデータでグラフ表示をしましたが、ある科目だけのグラフや、1人だけのグラフを表示するにはどうすればいいでしょうか。

　1列のデータは、df["列名"]と指定すれば、1行のデータは、df.loc[行番号]と指定すれば取得できます。その取得したデータをDataFrameとして指定するだけで、個別のグラフが作れるのです。「国語」だけの棒グラフ、「国語と数学」だけの棒グラフ、「C子」だけの棒グラフを作ってみましょう。また「1列のデータ」であれば円グラフを作ることができます。円グラフを作るにはDataFrame.plot.pie()です。

書式：円グラフを作る

```
DataFrame（1列データ）.plot.pie(labeldistance=中心からの距離)
```

chap3/chap3-16.py

```python
import pandas as pd
import matplotlib.pyplot as plt
plt.rcParams["font.family"] = "sans-serif"
plt.rcParams["font.sans-serif"] = ["Hiragino Maru Gothic Pro", ↵
"Hiragino sans", "BIZ UDGothic", "MS Gothic"]

# CSVファイルを読み込む（名前の列をインデックスで）
df = pd.read_csv("test.csv", index_col=0)

# 国語の棒グラフ（水平）を作って表示する
df["国語"].plot.barh()
plt.legend(loc="lower left")
plt.show()

# 国語と数学の棒グラフ（水平）を作って表示する
df[["国語","数学"]].plot.barh()
plt.legend(loc="lower left")
plt.show()

# C子の棒グラフ（水平）を作って表示する
df.loc["C子"].plot.barh()
plt.legend(loc="lower left")
```

```
plt.show()

# C子の円グラフを作って表示する
df.loc["C子"].plot.pie(labeldistance=0.6)
plt.legend(loc="lower left")
plt.show()
```

出力結果

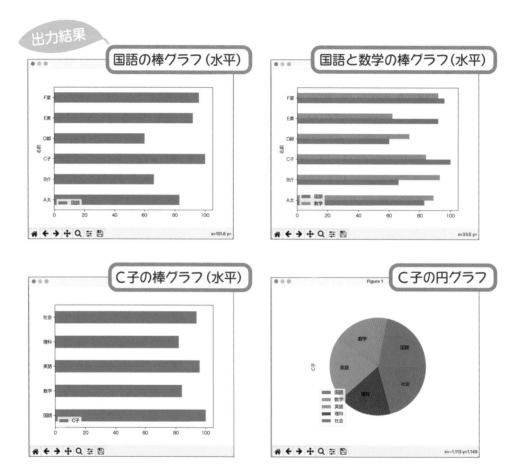

またこの表データは、1件1件のデータが生徒なので、生徒ごとの棒グラフで表示されました
したが、科目ごとの棒グラフにするにはどうすればいいでしょうか。

これも、データに注目するだけでできます。「行」と「列」を入れ替えればいいのです。
「行」と「列」を入れ替えるには、DataFrameに「.T」をつけるだけでできますね。

chap3/chap3-17.py

```
import pandas as pd
import matplotlib.pyplot as plt
plt.rcParams["font.family"] = "sans-serif"
plt.rcParams["font.sans-serif"] = ["Hiragino Maru Gothic Pro", ⏎
"Hiragino sans", "BIZ UDGothic", "MS Gothic"]

# CSVファイルを読み込む（名前の列をインデックスで）
df = pd.read_csv("test.csv", index_col=0)

# 棒グラフを作って表示する
df.T.plot.bar()
plt.legend(loc="lower right")
plt.show()
```

LESSON
10

出力結果

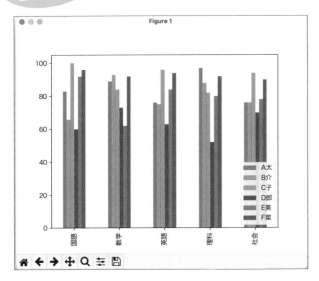

下の目盛りが科目になって、凡例の中の色分けが名前に変わりました。

グラフの色は自動的についているようですが、好きな色を指定することもできます。色名をつけたリストを作っておいて、DataFrame.plot.bar(color = 色名リスト)と指定するだけです。

chap3/chap3-18.py

```python
import pandas as pd
import matplotlib.pyplot as plt
plt.rcParams["font.family"] = "sans-serif"
plt.rcParams["font.sans-serif"] = ["Hiragino Maru Gothic Pro",
"Hiragino sans", "BIZ UDGothic", "MS Gothic"]

# CSVファイルを読み込む（名前の列をインデックスで）
df = pd.read_csv("test.csv", index_col=0)

# 棒グラフを作って表示する
colorlist = ["skyblue","steelblue","tomato","cadetblue",
"orange","sienna"]
df.T.plot.bar(color = colorlist)
plt.legend(loc="lower right")
plt.show()
```

出力結果

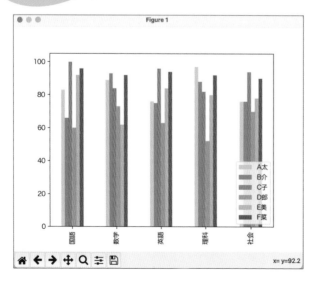

かわいい色のグラフになりましたね。

棒グラフを画像ファイルに出力する

　作った棒グラフは、「画面に表示」するだけでなく、「画像ファイルに出力する」こともできます。

　グラフを画像として出力するには、plt.show()の代わりにplt.savefig("ファイル名.png")と命令するだけです。

書式：作ったグラフを画像ファイル出力する

```
plt.savefig("ファイル名.png")
```

作ったグラフを「bargraph.png」という画像ファイルに出力してみましょう。

LESSON
10

chap3/chap3-19.py

```
import pandas as pd
import matplotlib.pyplot as plt
plt.rcParams["font.family"] = "sans-serif"
plt.rcParams["font.sans-serif"] = ["Hiragino Maru Gothic Pro", ↵
"Hiragino sans", "BIZ UDGothic", "MS Gothic"]

# CSVファイルを読み込む（名前の列をインデックスで）
df = pd.read_csv("test.csv", index_col=0)

# 棒グラフを作って画像ファイル出力する
colorlist = ["skyblue","steelblue","tomato","cadetblue", ↵
"orange","sienna"]
df.T.plot.bar(color = colorlist)
plt.legend(loc="lower right")
plt.savefig("bargraph.png") ················ グラフを画像ファイルとして出力
```

出力結果　　bargraph.png

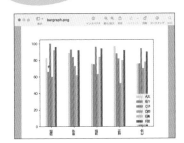

　画像ファイルとして出力されました。このように、matplotlibはグラフを簡単に表示、保存できる便利なライブラリです。

LESSON
11

Excelファイルを読み書きしてみよう

表計算ソフトExcelファイルの表データを読み書きしてみましょう。

これで、CSVファイルの読み書きや、加工や集計やグラフ化したりできるようになりました。

いろいろできるようになったね。

これでもいいんだけど、表データってExcelで使うことが多いでしょう。だから、Excelファイルの読み書きもやってみようか。

Excelファイルを直接読み書きできるなんて、すごくなーい?

 ## openpyxlをインストールする

openpyxlは、Excelファイルを扱えるようにする外部ライブラリです。ファイルを読む xlrd、ファイルを書くxlwtも一緒にインストールします。くわしくは、1章の「ライブラリのインストール方法」を参考にしてください。

① −1 Windowsにインストールするときは、コマンドプロンプトを使います

```
pip install openpyxl xlrd xlwt
```

① −2 macOSにインストールするときは、ターミナルを使います

```
pip3 install openpyxl xlrd xlwt
```

Excelファイルに出力する

DataFrameを、Excelファイルとして直接出力することもできます。

まず、openpyxlライブラリをimport openpyxlとしてimportします。

Excelファイルとして出力するには、df.to_excel("ファイル名.xlsx")と命令します。また、インデックスを削除して書き出すときは、df.to_excel("ファイル名.xlsx", index=False)と命令します。

書式：Excel ファイルに出力する

```
df.to_excel("ファイル名.xlsx")
```

書式：Excel ファイルに出力する（インデックスを削除）

```
df.to_excel("ファイル名.xlsx", index=False)
```

書式：Excel ファイルに出力する（シート名を指定）

```
df.to_excel("ファイル名.xlsx", sheet_name="シート名")
```

「test.csv」を読み込んで、国語の点数でソートして、Excelファイル（csv_to_excel1.xlsx）に出力してみましょう。

chap3/chap3-20.py

```
import pandas as pd
import openpyxl

# CSVファイルを読み込む
df = pd.read_csv("test.csv")

# ソート（国語の点数が高いもの順）
kokugo = df.sort_values("国語",ascending=False)

# Excelファイルに出力する
kokugo.to_excel("csv_to_excel1.xlsx")
```

出力されたファイルを、Excelで見てみましょう。

出力結果　csv_to_excel1.xlsx

無事読み込めたね。

出力されたファイルは、先頭にインデックスがついています。そこで、次はインデックスを削除して、Excelファイル（csv_to_excel2.xlsx）に出力してみましょう。

chap3/chap3-21.py

```python
import pandas as pd
import openpyxl

# CSVファイルを読み込む
df = pd.read_csv("test.csv")

# ソート（国語の点数が高いもの順）
kokugo = df.sort_values("国語",ascending=False)

# Excelファイルに出力する
kokugo.to_excel("csv_to_excel2.xlsx", index=False, sheet_name="国語でソート")
```

出力されたファイルを、Excelで見てみましょう。

出力結果 csv_to_excel2.xlsx

	A	B	C	D	E	F	G	H	I
1	名前	国語	数学	英語	理科	社会			
2	C子	100	84	96	82	94			
3	F菜	96	92	94	92	90			
4	E美	92	62	84	80	78			
5	A太	83	89	76	97	76			
6	B介	66	93	75	88	76			
7	D郎	60	73	63	52	70			

国語でソート

いい感じのExcelファイルができましたね。

ところで、Excelでは複数の「シート」を1つのファイルにまとめた「ブック」として扱うことができますが、openpyxlでも複数の「シート」を1つのファイルにまとめて出力することができます。

書式：複数のシートを 1 つの Excel ファイルに出力する

```
with pd.ExcelWriter('ファイル名.xlsx') as writer:
    df1.to_excel(writer, sheet_name="シート名1")
    df2.to_excel(writer, sheet_name="シート名2")
```

「test.csv」を読み込んで、「元のデータ」と「国語でソートしたデータ」の2つのシートを、1つのExcelファイル（csv_to_excel3.xlsx）に出力してみましょう。

chap3/chap3-22.py

```python
import pandas as pd
import openpyxl

# CSVファイルを読み込む
df = pd.read_csv("test.csv")

# ソート（国語の点数が高いもの順）
kokugo = df.sort_values("国語",ascending=False)

# 1つのExcelファイルに複数のシートで出力する
with pd.ExcelWriter("csv_to_excel3.xlsx") as writer:
    df.to_excel(writer, index=False, sheet_name="元のデータ")
    kokugo.to_excel(writer, index=False, sheet_name="国語でソート")
```

出力されたファイルを、Excelで見てみましょう。

出力結果　csv_to_excel3.xlsx

シートを切り替える
だけで確認できるので
便利！

2つのシートができているのがわかります。

Excelファイルを読み込む

逆に、Excelファイルを表データとして読み込んでみましょう。Excelファイルを読み込むには、pd.read_excel("ファイル名.xlsx")と命令します。

書式：Excelファイルを読み込む

```
df = pd.read_excel("ファイル名.xlsx")
```

先ほど出力したExcelファイル（csv_to_excel2.xlsx）を読み込んで、出力してみましょう。

chap3/chap3-23.py

```python
import pandas as pd
import openpyxl

# Excelファイルを読み込む
df = pd.read_excel("csv_to_excel2.xlsx")
print(df)
```

LESSON
11

出力結果

```
    名前   国語   数学   英語   理科   社会
0   C子   100   84   96   82   94
1   F菜    96   92   94   92   90
2   E美    92   62   84   80   78
3   A太    83   89   76   97   76
4   B介    66   93   75   88   76
5   D郎    60   73   63   52   70
```

※日本語の１文字はアルファベットの２倍の幅があるため、列がずれて表示されます。

　pd.read_excel("ファイル名.xlsx")は、Excelファイルのシートを1枚だけ読み込む命令です。そのままでは、シートが複数ある場合も最初の1枚だけしか読み込めません。

　そこで、複数のシートがある場合は、sheet_nameで読み込みたいシートを指定して読み込みます。

書式：Excelファイルを読み込む（複数シートから）

```
df = pd.read_excel("ファイル名.xlsx", sheet_name="シート名")
```

Excelファイル（csv_to_excel3.xlsx）の2枚のシートを読み込んで、出力してみましょう。

chap3/chap3-24.py

```python
import pandas as pd
import openpyxl

# Excelファイルを読み込む
df = pd.read_excel("csv_to_excel3.xlsx")
print(df)
df = pd.read_excel("csv_to_excel3.xlsx", sheet_name="国語でソート")
print(df)
```

出力結果

```
    名前   国語   数学   英語   理科   社会
0   A太    83    89    76    97    76
1   B介    66    93    75    88    76
2   C子   100    84    96    82    94
3   D郎    60    73    63    52    70
4   E美    92    62    84    80    78
5   F菜    96    92    94    92    90
    名前   国語   数学   英語   理科   社会
0   C子   100    84    96    82    94
1   F菜    96    92    94    92    90
2   E美    92    62    84    80    78
3   A太    83    89    76    97    76
4   B介    66    93    75    88    76
5   D郎    60    73    63    52    70
```

やった！
Excelファイルも
読み書きできるように
なったよ。

第4章
オープンデータを分析してみよう

*1 うずまき谷は実在しません。あしからず。

この章でやること

オープンデータとは？

郵便局：郵便番号データ

e-Stat：
政府統計の相互窓口

キッズすたっと：
探そう統計データ

自治体のデータ：
データシティ鯖江

LESSON
12

オープンデータって なに?

公的機関や企業などがネット上で公開しているオープンデータを使って、
いろいろ調べてみましょう。

いろいろできるようになってきたから、実際のデータで調べてみたくなってきたよ。ネット上になにかよさそうなデータってないの?

オープンデータといういいものがあるよ。

オープン? データ?

公的機関や企業などがいろいろなデータを「どうぞお使いください」ってネット上で公開してるんだ。

そんないいものがあるんだ。公的機関もやるねー。

オープンにしますよ!

オープンデータは宝の山

　オープンデータとは、政府や自治体、教育機関、企業などが公開している、誰でも自由に入手して利用することができるデータのことです。基本的に著作権などライセンスの制限がなく、条件を守れば自由に加工したり再配布することもできます。データの形式はいろいろで、CSV形式や、XML形式、Excel形式、PDF形式などの場合があります。データの内容と形式を見て調べましょう。

　オープンデータを提供するサイトとしては、以下のようなものがあります。

サイト名	URL
e-Stat：政府統計の総合窓口	https://www.e-stat.go.jp
キッズすたっと～探そう統計データ～	https://dashboard.e-stat.go.jp/kids/
データシティ鯖江	http://data.city.sabae.lg.jp
気象庁¦過去の気象データ・ダウンロード	http://www.data.jma.go.jp/gmd/risk/obsdl/index.php
郵便局：郵便番号データダウンロード	https://www.post.japanpost.jp/zipcode/download.html
e-Gov データポータル	https://data.e-gov.go.jp/info/ja
LinkData	http://linkdata.org

LESSON
12

LESSON

13

郵便局：郵便番号データ

郵便番号データをダウンロードして郵便番号から地名を調べたり、逆に地名から郵便番号を調べたりしてみましょう。

> まずはわかりやすく、「郵便番号のデータ」なんてどうだろう。

> 郵便番号のデータなんてダウンロードできるの？

> 郵便局のサイトの「郵便番号を調べる」のページから、ダウンロードページに進めるよ。

> 「ダウンロードはこちらからどうぞ」って書いてあるよ！

郵便局のサイトから「郵便番号のデータ」をダウンロードして調べてみましょう。
まず、「郵便番号データダウンロード」のページにアクセスします。

＜郵便番号データダウンロード＞
https://www.post.japanpost.jp/zipcode/download.html

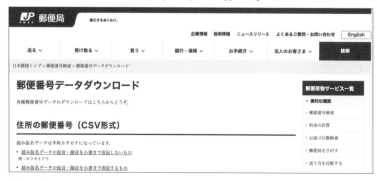

出典：郵便番号データダウンロード（https://www.post.japanpost.jp/zipcode/download.html）

　CSVデータが欲しいので、このページの「住所の郵便番号（CSV形式）」の❶「読み仮名データの促音・拗音を小書きで表記するもの」をクリックしましょう。都道府県一覧のページが表示されます。この中の❷「東京都」をクリックしましょう。

　圧縮ファイル（13tokyo.zip）がダウンロードされるので、解凍するとCSVファイル（13TOKYO.CSV）が出てきます。

全国のデータが入った「全国一括」をダウンロードしてもいいのですが、ファイルサイズが大きいので今回は東京に限定して試してみます。

CSVファイルを読み込む

CSVファイル（13TOKYO.CSV）をテキストエディタで開いて確認しましょう。

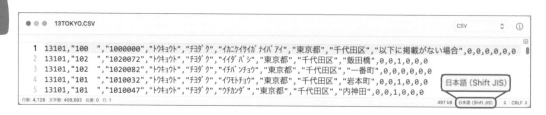

　1行目からいきなりデータがはじまっているのでヘッダーはありませんね。日本語は Shift JISが使われています（大抵のテキストエディタで、文字コードを確認できます）。 pandasは、デフォルトではUTF-8形式で読み込むようになっているので、Shift JIS形式データのときはencoding="shift_jis"と指定します。

　それでは、pandasで「ヘッダーなし、shift jis形式」でデータを読み込みましょう。また、郵便番号を数値として読み込んでしまうと「001」のように先頭が0ではじまる郵便番号だと、先頭の0が消えてしまいます。そこでdtype=strと指定して、文字列データとして読み込みます。データの件数と、項目名を表示します。

chap4/chap4-1.py

```python
import pandas as pd


# CSVファイルをデータフレームに読み込む
df = pd.read_csv("13TOKYO.CSV", header=None, encoding="shift_
jis", dtype=str)
print(len(df))
print(df.columns.values)
```

出力結果

```
4127
[ 0  1  2  3  4  5  6  7  8  9 10 11 12 13 14]
```

　東京都だけでも件数は4127件もありますね。ヘッダーがないので項目名は数字が順番についています。ですので、列データには、番号でアクセスします。

　次のようなデータになっていると考えられます。

0	1	2	3	4	5	6	7	8	9	10	11	12	13	14
13101	100	1000000	トウキョウト	チヨダク	イカニケイサイガ ナイバアイ	東京都	千代田区	以下に掲載がない場合	0	0	0	0	0	0
13101	102	1020072	トウキョウト	チヨダク	イイダバシ	東京都	千代田区	飯田橋	0	0	1	0	0	0
13101	102	1020082	トウキョウト	チヨダク	イチバンチョウ	東京都	千代田区	一番町	0	0	0	0	0	0
13101	101	1010032	トウキョウト	チヨダク	イワモトチョウ	東京都	千代田区	岩本町	0	0	1	0	0	0
13101	101	1010047	トウキョウト	チヨダク	ウチカンダ	東京都	千代田区	内神田	0	0	1	0	0	0

データを抽出する

　郵便番号から住所を調べてみましょう。郵便番号の列は「2」です。「6」は都道府県、「7」は市区、「8」はその後の住所です。例として、郵便番号が「1600006」のデータを抽出して、郵便番号と住所を表示してみましょう。

chap4/chap4-2.py

```python
import pandas as pd

# CSVファイルをデータフレームに読み込む
df = pd.read_csv("13TOKYO.CSV", header=None, encoding="shift_
jis", dtype=str)

#「2」の列が「1600006」の住所を抽出して表示
results = df[df[2] == "1600006"]
print(results[[2,6,7,8]])
```

出力結果

```
          2         6       7      8
2359    1600006   東京都   新宿区   舟町
```

「東京都新宿区舟町」って出てきたよ！　すご～い。あっ、これってこの本の出版社の翔泳社があるところじゃない。

　次は、逆に住所から郵便番号を調べてみましょう。例として、住所が「四谷」の郵便番号を調べてみます。ただし「df[df["列"] == "文字列"]」と指定すると「文字列が完全に一致したデータ」しか抽出できません。そういうときは、df[df.str.contains("文字列")]と指定することで「文字列が部分的に一致したデータ」を抽出できます。

LESSON
13

書式：部分的に一致するものを抽出

```
df[df.str.contains("文字列")]
```

chap4/chap4-3.py

```python
import pandas as pd

# CSVファイルをデータフレームに読み込む
df = pd.read_csv("13TOKYO.CSV", header=None, encoding="shift_
jis", dtype=str)

# 「8」の列が「四谷」の住所を抽出して表示
results = df[df[8] == "四谷"]
print(results[[2,6,7,8]])

# 「8」の列に「四谷」の文字が含まれる住所を抽出して表示
results = df[df[8].str.contains("四谷")]
print(results[[2,6,7,8]])
```

出力結果

	2	6	7	8
2369	1600004	東京都	新宿区	四谷
3622	1830035	東京都	府中市	四谷
	2	6	7	8
2369	1600004	東京都	新宿区	四谷
2370	1600002	東京都	新宿区	四谷坂町
2371	1600008	東京都	新宿区	四谷三栄町
2372	1600003	東京都	新宿区	四谷本塩町
3495	1930813	東京都	八王子市	四谷町
3622	1830035	東京都	府中市	四谷

　「df[df[8] == "四谷"]」で抽出すると、完全に一致した2件が表示されましたが、「df[df[8].str.contains("四谷")]」で抽出すると、部分的に一致した6件が表示されました。

LESSON 14
e-Stat：政府統計の総合窓口

オープンデータを読み込んで、グラフで表示してみましょう。

次は、政府が公開している統計データを見てみようか。国勢調査などから作られたデータもあるよ。

ええーっ！　そんなデータ、ア、アタシが見てもいいの？

「e-Stat」といって政府統計のデータのサイトが用意されているんだよ。誰でも見られるので、ぜひ活用しよう。

　「e-Stat」のサイトから「全国の人口推計データ」をダウンロードして調べてみましょう。
　まず、「e-Stat」のサイトにアクセスし、[キーワード検索] に❶「人口推計　都道府県別」と入力して、❷ [検索] ボタンをクリックして、検索します。

＜e-Stat＞
https://www.e-stat.go.jp

出典：e-Stat
(https://www.e-stat.go.jp)

「人口推計」の項目が見つかるので、❶「人口推計」をクリックして、❷「データベース」の「438件　2024-02-20」（件数は更新されます）をクリックします。

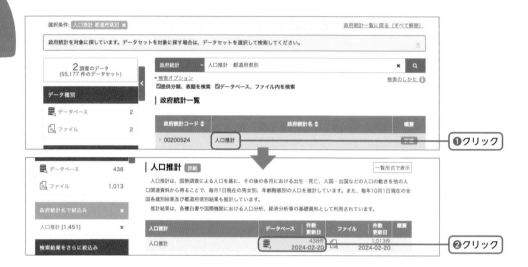

「各年10月1日現在人口」の「令和２年国勢調査基準」の「統計表」の❶「年次[13件]」（件数は更新されます）をクリックします。

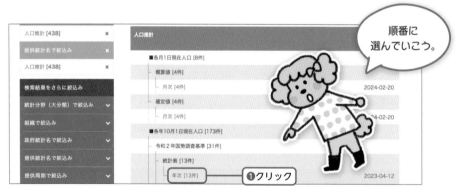

「005 都道府県，男女別人口－総人口，日本人人口」を見てみましょう。右にある❶［→DB］ボタンをクリックします。

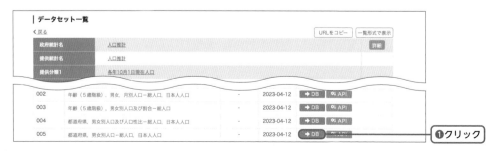

表データが表示されるので、右にある❶［ダウンロード］ボタンをクリックします。

「表ダウンロード」の設定画面が表示されます。注釈のデータなどは不要なので、シンプルにCSVデータだけをダウンロードしましょう。

❶「ダウンロード範囲：ページ上部の選択項目（表章項目 等）」、「ファイル形式：CSV形式（クロス集計表形式・UTF-8（BOM有り））※Excelでのご利用向け」、「ヘッダの出力」「コードの出力」「階層コードの出力」「凡例の出力」はすべて「出力しない」を選択し、❷「注釈を表示する：オフ」を設定してから、❸［ダウンロード］ボタンをクリックします。

LESSON
14

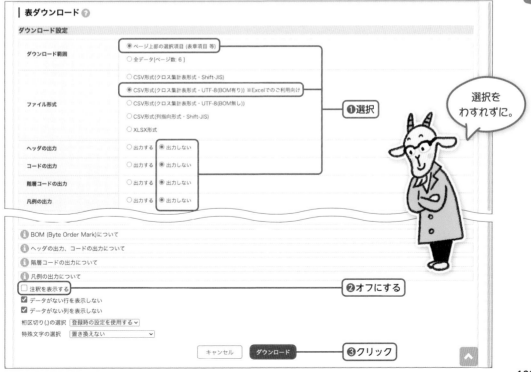

次に表示される画面で❶［ダウンロード］ボタンをクリックすると、CSVファイルがダウンロードされます（※ファイル名の番号は毎回変わります）。

「e-Stat」は、CCライセンス「CC BY」で公開されているので、著作者の情報を明記するだけで無料で自由に利用できます。

CCライセンス

CCライセンス（Creative Commons license）とは、インターネット時代のための新しい著作権ルールで、情報を公開する権利者が「この条件を守れば私の作品を自由に使って構いません。」という意思表示をするためのマークです。CCライセンスを利用することで、権利者は著作権を保持したまま作品やデータを自由に流通させることができるのです。

いろいろなライセンスの種類がありますが、「CC BY」は最も自由度が高く、権利者の情報を明記すれば無料で自由に利用でき、改変や営利目的の使用も可能なライセンスです。「このサイトのデータを利用していますということを表示して、サイトのページへリンクする」といったことをすれば自由に利用できます。

＜クリエイティブ・コモンズ・ライセンスとは＞
https://creativecommons.jp/licenses/

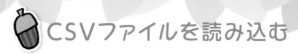# CSVファイルを読み込む

まずは、CSVファイルをテキストエディタで開いて確認してみましょう。

```
1  "表章項目","男女別","人口","全国・都道府県","/時間軸（年）","2005年","2010年","2015年","2020年","2021年","2022年"
2  "人口【千人】","男女計","総人口","全国","","127,768","128,057","127,095","126,146","125,502","124,947"
3  "人口【千人】","男女計","総人口","北海道","","5,628","5,506","5,382","5,225","5,183","5,140"
4  "人口【千人】","男女計","総人口","青森県","","1,437","1,373","1,308","1,238","1,221","1,204"
5  "人口【千人】","男女計","総人口","岩手県","","1,385","1,330","1,280","1,211","1,196","1,181"
6  "人口【千人】","男女計","総人口","宮城県","","2,360","2,348","2,334","2,302","2,290","2,280"
7  "人口【千人】","男女計","総人口","秋田県","","1,146","1,086","1,023","960","945","930"
行数: 50  文字数: 3,742  位置: 0  行: 1                    5 kB  Unicode (UTF-8) BOM付き ◇  CRLF ◇
```

1行目がヘッダーになっています。日本語はUTF-8が使われています。各行データを指定するのに「全国・都道府県」が使えそうです。

そこで、pandasで「インデックス="全国・都道府県"、UTF-8形式」でデータを読み込みます。データの件数と、項目名を表示しましょう。「全国・都道府県」をインデックスにしたので、項目名は、インデックス以外の項目名が表示されます。

chap4/chap4-4.py

```python
import pandas as pd

# CSVファイルをデータフレームに読み込む
df = pd.read_csv("FEH_00200524_240108155037.csv", index_col=
"全国・都道府県", encoding="UTF-8")
print(len(df))
print(df.columns.values)
```

.... ファイル名はダウンロードした日時によって
変わるので、適時変更してください。

出力結果

```
48

['表章項目' '男女別' '人口' '/時間軸（年）' '2005年' '2010年' '2015年'
'2020年' '2021年' '2022年']
```

データの件数は「都道府県＋全国」の48件ですね。このようなデータになっていると考えられます。

表章項目	男女別	人口	全国・都道府県	/時間軸（年）	2005年	2010年	2015年	2020年	2021年	2022年
人口【千人】	男女計	総人口	全国		127,768	128,057	127,095	126,146	125,502	124,947
人口【千人】	男女計	総人口	北海道		5,628	5,506	5,382	5,225	5,183	5,140
人口【千人】	男女計	総人口	青森県		1,437	1,373	1,308	1,238	1,221	1,204
人口【千人】	男女計	総人口	岩手県		1,385	1,330	1,280	1,211	1,196	1,181
人口【千人】	男女計	総人口	宮城県		2,360	2,348	2,334	2,302	2,290	2,280
人口【千人】	男女計	総人口	秋田県		1,146	1,086	1,023	960	945	930

 データをグラフで表示する

「2022年の人口データ」を取り出して、棒グラフに表示してみましょう。確認のために print(df["2022年"])と、取り出したデータも表示してみます。

 chap4/chap4-5.py

```python
import pandas as pd
import matplotlib.pyplot as plt
plt.rcParams["font.family"] = "sans-serif"
plt.rcParams["font.sans-serif"] = ["Hiragino Maru Gothic Pro", ↵
"Hiragino sans", "BIZ UDGothic", "MS Gothic"]


# CSVファイルをデータフレームに読み込む
df = pd.read_csv("FEH_00200524_240108155037.csv", index_col= ↵
"全国・都道府県", encoding="UTF-8")


print(df["2022年"])
# 2022年の列データで棒グラフを作って表示する
df["2022年"].plot.bar()
plt.show()
```

出力結果

```
全国・都道府県

全国          124,947

北海道          5,140 ......... [Squeezed text(50 lines).]をダブルクリックすると表示

青森県          1,204

岩手県          1,181
```

132

```
（…略…）
Traceback (most recent call last):
  File "chap4-5.py", line 11, in <module>
    df["2022年"].plot.bar()
:
TypeError: no numeric data to plot
```

> エラーだけど
> 大丈夫？

　列データは表示されましたが、グラフは表示されずに「no numeric data to plot（プロットする数値データがない）」というエラーになりました。人口の数値データを見てみると、カンマがついています。実はこのためエラーになったのです。

　オープンデータは、データの作者によっていろいろな書き方で保存されています。今回は「124,947」とカンマつきで書かれていますが、これは人間にとっては読みやすいのですが、コンピュータが読むとエラーになってしまいます。こういう場合は、カンマを「空の文字」に置換して「124947」という数値に変換してから、グラフ用のデータとして使いましょう。

LESSON
14

書式：数値データのカンマを削除して数値に変換する

```
df["項目名"] = pd.to_numeric(df["項目名"].str.replace(",", ""))
```

chap4/chap4-6.py

```python
import pandas as pd
import matplotlib.pyplot as plt
plt.rcParams["font.family"] = "sans-serif"
plt.rcParams["font.sans-serif"] = ["Hiragino Maru Gothic Pro", ↵
"Hiragino sans", "BIZ UDGothic", "MS Gothic"]

# CSVファイルをデータフレームに読み込む
df = pd.read_csv("FEH_00200524_240108155037.csv", index_col= ↵
"全国・都道府県", encoding="UTF-8")

# 2022年の列データで棒グラフを作って表示する
df["2022年"] = pd.to_numeric(df["2022年"].str.replace(",", ""))
print(df["2022年"])
df["2022年"].plot.bar()
plt.show()
```

カンマを削除

出力結果

全国・都道府県	
全国	124947
北海道	5140
青森県	1204
岩手県	1181
:	

[Squeezed text(50 lines).]
をダブルクリックすると表示

カンマを削除
すれば無事表
示されるよ。

　カンマのない数値データが表示されて、無事グラフも表示されたようですね。
　しかし、グラフを見ていると気になる点が2つあります。「グラフの画面サイズが小さくて都道府県の文字が見にくい」ことと、「全国の値が飛び抜けていて、都道府県のデータが見にくい」ということです。
　まず1点目を解決しましょう。グラフの画面サイズを大きくします。指定するにはDataFrame.plot.bar(figsize=(幅インチ, 高さインチ))と命令します。

書式：グラフを表示する画面サイズを指定する

```
DataFrame.plot.bar(figsize=(幅インチ, 高さインチ))
```

　次に2点目を解決しましょう。都道府県の人口だけを比較したいので、「全国の行データ」は削除します。df = df.drop("全国", axis=0)と指定します。

chap4/chap4-7.py

```python
import pandas as pd
import matplotlib.pyplot as plt
plt.rcParams["font.family"] = "sans-serif"
plt.rcParams["font.sans-serif"] = ["Hiragino Maru Gothic Pro", ↵
"Hiragino sans", "BIZ UDGothic", "MS Gothic"]
```

```
# CSVファイルをデータフレームに読み込む
df = pd.read_csv("FEH_00200524_240108155037.csv", index_col=↵
"全国・都道府県", encoding="UTF-8")

# 2022年の列データで棒グラフを作って表示する
df = df.drop("全国", axis=0) …………………「全国」の行のデータを削除
df["2022年"] = pd.to_numeric(df["2022年"].str.replace(",", ""))
df["2022年"].plot.bar(figsize=(10, 6))
plt.show()
```

ステップを踏んで、見やすくしていくよ！

なるほど！

出力結果

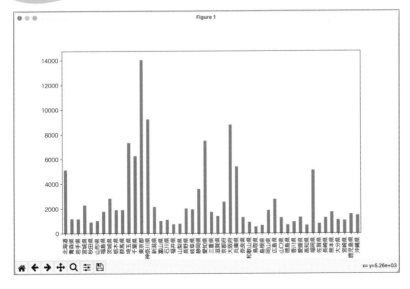

さあ、これで各都道府県の人口の違いがわかるようになりました。

ただ、北海道から沖縄の順で並んでいるので、人口の多い順番がわかりにくいですね。人口の多い順に並べ替えて表示してみましょう。df = df.sort_values("2022年",ascending=False)と追加します。

chap4/chap4-8.py

```python
import pandas as pd
import matplotlib.pyplot as plt
plt.rcParams["font.family"] = "sans-serif"
plt.rcParams["font.sans-serif"] = ["Hiragino Maru Gothic Pro", ↵
"Hiragino sans", "BIZ UDGothic", "MS Gothic"]

# CSVファイルをデータフレームに読み込む
df = pd.read_csv("FEH_00200524_240108155037.csv", index_col= ↵
"全国・都道府県", encoding="UTF-8")

# 2022年の列データで人口の多い順の棒グラフを作って表示する
df = df.drop("全国", axis=0)
df["2022年"] = pd.to_numeric(df["2022年"].str.replace(",", ""))
df = df.sort_values("2022年",ascending=False) ………… 並べ替える
df["2022年"].plot.bar(figsize=(10, 6))
plt.show()
```

出力結果

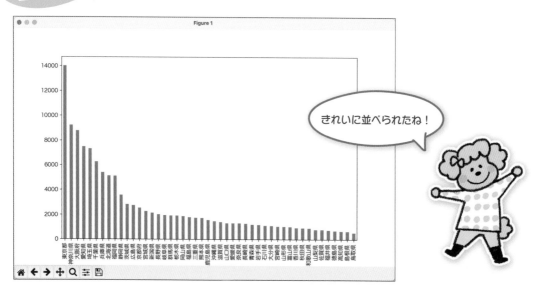

きれいに並べられたね！

今度は人口の多い順がわかるようになりましたね。

さて、この人口推計データには、毎年の人口のデータが入っています。2つの年を比較して、その差を調べることはできないでしょうか。そうすれば「人口の増減」がわかります。これは「2つの列データの差を、新しい列として作る」ことで用意できます。

書式：2つの列データの差を新しい列として作る

```
df["増減データ"] = df["列1"] - df["列2"]
```

例えば、「2022年」から「2021年」を引いて、新しく「人口増減」を作ってみましょう。引き算でエラーが出ないように「2021年」のデータもカンマを取って数値化しておきます。最後に「人口増減」の大きい順に並べ替えて表示してみましょう。

> 今度は、人口の増減で並べてみるよ。

chap4/chap4-9.py

```python
import pandas as pd
import matplotlib.pyplot as plt
plt.rcParams["font.family"] = "sans-serif"
plt.rcParams["font.sans-serif"] = ["Hiragino Maru Gothic Pro",
"Hiragino sans", "BIZ UDGothic", "MS Gothic"]

# CSVファイルをデータフレームに読み込む
df = pd.read_csv("FEH_00200524_240108155037.csv", index_col=
"全国・都道府県", encoding="UTF-8")

# 2021年と2022年の列データで棒グラフを作って表示する
df = df.drop("全国", axis=0)
df["2021年"] = pd.to_numeric(df["2021年"].str.replace(",", ""))
```

```
df["2022年"] = pd.to_numeric(df["2022年"].str.replace(",", ""))
df["人口増減"] = df["2022年"] - df["2021年"] ·············差を求める
df = df.sort_values("人口増減",ascending=False)
df["人口増減"].plot.bar(figsize=(10, 6))
plt.show()
```

出力結果

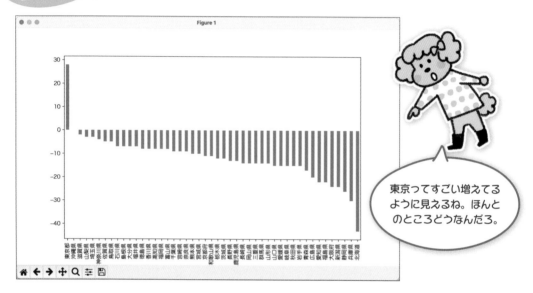

東京ってすごい増えてる
ように見えるね。ほんと
のところどうなんだろ。

　これを見ると、東京にとても集中しているように見えますね。納得いく結果にも思えますが、縦の目盛りをよく見てください。最大値は30です。これまでの縦の目盛りは14000だったので、縦のスケールがずいぶんと違います。matplotlibはグラフを表示するとき、最小値と最大値から自動的にスケールを調整しているので、このようになっているのです。
　そこで、縦のスケールを元のスケールに合わせてみましょう。グラフの縦軸の最小値と最大値を指定するには、plt.ylim(最小値, 最大値)と指定します。最小値を-40、最大値を14000にしてみましょう。

書式：グラフの縦軸の最小値と最大値を指定する

```
plt.ylim(最小値, 最大値)
```

`chap4/chap4-10.py`

```python
import pandas as pd
import matplotlib.pyplot as plt
plt.rcParams["font.family"] = "sans-serif"
plt.rcParams["font.sans-serif"] = ["Hiragino Maru Gothic Pro", ↵
"Hiragino sans", "BIZ UDGothic", "MS Gothic"]

# CSVファイルをデータフレームに読み込む
df = pd.read_csv("FEH_00200524_240108155037.csv", index_col= ↵
"全国・都道府県", encoding="UTF-8")

# 2021年と2022年の列データで棒グラフを作って表示する
df = df.drop("全国", axis=0)
df["2021年"] = pd.to_numeric(df["2021年"].str.replace(",", ""))
df["2022年"] = pd.to_numeric(df["2022年"].str.replace(",", ""))
df["人口増減"] = df["2022年"] - df["2021年"]
df = df.sort_values("人口増減",ascending=False)
df["人口増減"].plot.bar(figsize=(10, 6))
plt.ylim(-40, 14000) ……………縦軸のスケールを設定
plt.show()
```

LESSON
14

縦のスケールを
元のスケールに
合わせるよ。

出力結果

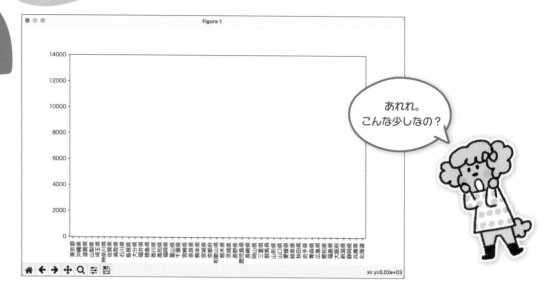

あれあれ？　このスケールで見ると、ほとんど変動はないようですね。このようにグラフはスケールによって特徴が強調されてしまうことがあるのですね。

 今回はわかりやすく「e-Stat」の「全国の人口データ」を使ったけど、サイトではいろいろな統計データが公開されているよ。いろいろ探して、試してみよう。

スゴイのはわかるけど、すご過ぎて探すところでくじけちゃいそう。もうちょっとアタシ向きの、やさしいサイトはないの？

 それじゃあ次は、やさしく使えるオープンデータのサイトを紹介しよう。

やったー。そこならアタシでも探せるかな。

キッズすたっと：
探そう統計データ

複数のオープンデータを読み込んで、グラフで表示してみましょう。

総務省は2018年に、小・中学生向け統計データ検索サイト「キッズすたっと」を公開したんだよ。次は、このデータを使ってみよう。

へぇ～～。小・中学生向けとはいえ、ちゃんとしたサイトなのね。

見た目はやさしいけど、中身はちゃんとしたデータだよ。

　この「キッズすたっと」のサイトから「東京の平均気温」「最高気温」「最低気温」の3つのデータをダウンロードして調べてみましょう。
　まず、「キッズすたっと」のサイトにアクセスします。

＜キッズすたっと＞
https://dashboard.e-stat.go.jp/kids/

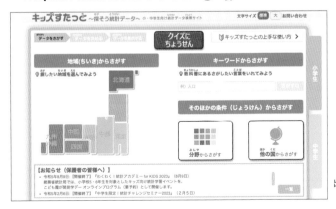

出典：キッズすたっと
（https://dashboard.e-stat.go.jp/kids/）

❶「分野からさがす」をクリックし、❷「国土・気象」→❸「気象」→❹「選んだ小分類で表示する」を選択しましょう。

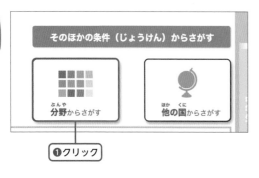
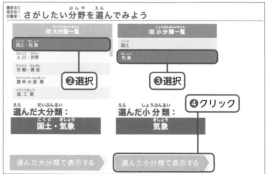

❶「年平均気温」を選択して、❷「データを表示する」をクリックし、❸［ダウンロード］ボタンをクリックし、❹「すべての期間」をクリックします。終わったら、❺「戻る」をクリックして選択画面に戻ります。

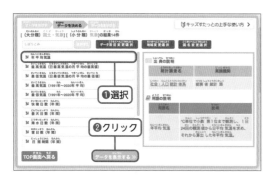

MEMO キッズすたっと

キッズすたっとは、「STAT DASH グランプリ 2016」で総務大臣賞を受賞した関西学院高等部 数理科学部のアイデアを基に作られた「小・中学生のための統計情報ポータルサイト」です。政府のオープンデータサイトを高校生が考えるなんてすごいですね。

❶「最高気温」を選択して、❷「データを表示する」をクリックし、❸［ダウンロード］
ボタンをクリックし、❹「すべての期間」をクリックします。終わったら、❺「戻る」を
クリックして選択画面に戻ります。

❶「最低気温」を選択して、❷「データを表示する」をクリックし、❸［ダウンロード］
ボタンをクリックし、❹「すべての期間」をクリックします。

LESSON
15

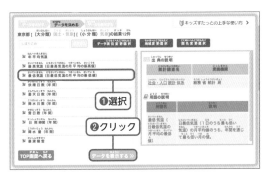 

すると、3つのCSVファイルがダウンロードされます（※ファイル名の番号はダウンロー
ドするたびに変わります）。

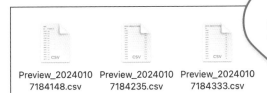

Preview_2024010
7184148.csv

Preview_2024010
7184235.csv

Preview_2024010
7184333.csv

「キッズすたっと」は、CC
ライセンス「CC BY」で公
開されているので、著作者の
情報を明記するだけで無料で
自由に利用できます。

CSVファイルを読み込む

まずは、3つのCSVファイルをテキストエディタで開いて確認してみましょう。

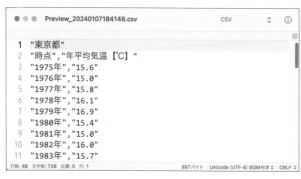

「平均気温」「最高気温」「最低気温」の3つだね。

　1行目がヘッダーになっています。日本語はUTF-8が使われているのでそのまま読み込めます。各行データを指定するのに「時点」が使えそうです。
　そこで、pandasで「インデックス="時点"」で3つのデータを読み込みます。それぞれのデータの列名（columns.values）を表示しましょう。

chap4/chap4-11.py

```python
import pandas as pd

# CSVファイルをデータフレームに読み込む
df1 = pd.read_csv("Preview_20240107184148.csv", index_col=
"時点", skiprows=1)
df2 = pd.read_csv("Preview_20240107184235.csv", index_col=
"時点", skiprows=1)
df3 = pd.read_csv("Preview_20240107184333.csv", index_col=
"時点", skiprows=1)

print(df1.columns.values)
print(df2.columns.values)
print(df3.columns.values)
```

出力結果

```
['年平均気温【℃】']
['東京都']
['東京都']
```

LESSON
15

このようなデータになっていると考えられます。

Preview_20240107184148.csv

時点	年平均気温【℃】
1975年	15.6
1976年	15.0
1977年	15.8

Preview_20240107184235.csv

時点	東京都
1975年	31.5
1976年	29.1
1977年	29.8

Preview_20240107184333.csv

時点	東京都
1975年	0.8
1976年	0.7
1977年	0.0

データをグラフで表示する

平均気温を取り出して、折れ線グラフを表示してみましょう。列の指定には、chap4-11.pyで出力させた「データの列名」を使います。「年平均気温【℃】」で列を指定して折れ線グラフを作り、表示するだけです。

chap4/chap4-12.py

```python
import pandas as pd
import matplotlib.pyplot as plt
plt.rcParams["font.family"] = "sans-serif"
plt.rcParams["font.sans-serif"] = ["Hiragino Maru Gothic Pro", ↵
"Hiragino sans", "BIZ UDGothic", "MS Gothic"]

# CSVファイルをデータフレームに読み込む
df1 = pd.read_csv("Preview_20240107184148.csv", index_col= ↵
"時点", skiprows=1)

# 平均気温で折れ線グラフを表示
df1["年平均気温【℃】"].plot()
plt.show()
```

出力結果

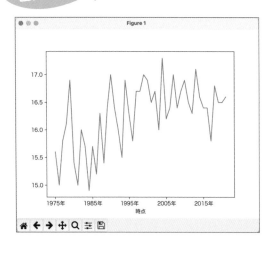

こんなに気温差あると体こわしちゃうよ…

平均気温はすごく上下しているように見えますね。ですが縦の目盛りを見てみましょう。目盛りの最小値が15.0、最大値が17.0しかありません。気温の一般的なスケールで表示してみましょう。目盛りの最小値を-10、最大値を40にしてみます。

chap4/chap4-13.py

```python
import pandas as pd
import matplotlib.pyplot as plt
plt.rcParams["font.family"] = "sans-serif"
plt.rcParams["font.sans-serif"] = ["Hiragino Maru Gothic Pro", ↵
"Hiragino sans", "BIZ UDGothic", "MS Gothic"]

# CSVファイルをデータフレームに読み込む
df1 = pd.read_csv("Preview_20240107184148.csv", index_col= ↵
"時点", skiprows=1)

# 平均気温で折れ線グラフを表示
df1["年平均気温〔℃〕"].plot()
plt.ylim(-10,40)·················· 縦軸を設定
plt.show()
```

出力結果

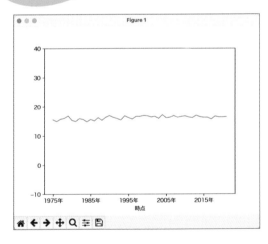

なんだ。スケールを合わせると安定しているのね。

LESSON
15

　このスケールで見てみると安定しているようですね。次は、このグラフに最高気温と最低気温を重ねて表示させてみましょう。

　グラフを重ねて表示させたいときは、「plt.show()」を実行する前に、複数のグラフを作るだけです。平均気温、最高気温、最低気温を「.plot()」で作ってから、最後に「plt.show()」を実行させてみましょう。複数のグラフを表示させるので、区別がつくように凡例も表示させます。ここで注意するのは、最高気温と最低気温の元データは列名が「東京都」になって区別がつかなくなっているところです。rename命令を使って、列名（columns）の"東京都"を"最高気温"や"最低気温"に変更しましょう。

書式：列名を変更する

```
df = df.rename(columns={"旧名":"新名"})
```

chap4/chap4-14.py

```
import pandas as pd
import matplotlib.pyplot as plt
plt.rcParams["font.family"] = "sans-serif"
plt.rcParams["font.sans-serif"] = ["Hiragino Maru Gothic Pro", ↵
"Hiragino sans", "BIZ UDGothic", "MS Gothic"]

# CSVファイルをデータフレームに読み込む
df1 = pd.read_csv("Preview_20240107184148.csv", index_col= ↵
"時点", skiprows=1)
df2 = pd.read_csv("Preview_20240107184235.csv", index_col= ↵
"時点", skiprows=1)
df3 = pd.read_csv("Preview_20240107184333.csv", index_col= ↵
"時点", skiprows=1)
df2 = df2.rename(columns={"東京都":"最高気温"})
df3 = df3.rename(columns={"東京都":"最低気温"})

# 3つのグラフを重ねて表示
df1["年平均気温【℃】"].plot()
df2["最高気温"].plot()
df3["最低気温"].plot()
plt.ylim(-10,40)
plt.legend(loc="lower right")
plt.show()
```

データを読み込み

列名を変更

グラフを作成

凡例を表示

出力結果

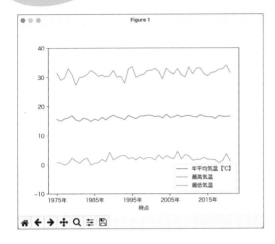

色分けされていて、
わかりやすいね。

3つのグラフを重ねて表示できましたね。

LESSON
15

LESSON

16

自治体のデータ：データシティ鯖江

地域に密着したオープンデータを読み込んで、地図上に表示してみましょう。

日本の多くの自治体でオープンデータ化が広がってきています。その中でもいち早く活用したのは、福井県の鯖江市です。いわば日本のオープンデータ発祥の地なんだよ。

へぇ〜〜。福井県なの。

「データシティ鯖江」というサイトを公開しているよ。自治体のオープンデータは「その地域のためのデータ」が多く公開されているので、政府のデータとは違ったデータがあるね。

住んでる人たちのためのデータなのね。

　この「データシティ鯖江」のサイトから、「消火栓のデータ」や「店舗のデータ」をダウンロードして調べてみましょう。
　まず、「データシティ鯖江」のサイトにアクセスします。

＜データシティ鯖江＞
http://data.city.sabae.lg.jp

出典：データシティ鯖江
　　　（http://data.city.sabae.lg.jp）

　CSVデータが欲しいので、❶「オープンデータ」をクリックし、右の「フォーマット」から❷「CSV」を選んで絞り込みます。

LESSON
16

❶「防災」をクリックして「消火栓（福井県鯖江市）」の❷「CSV」をクリックして、❸
表示されるリンクをクリックして、ダウンロードします。

続いて、「防災」をクリックして解除し、❹「施設」をクリックして「店舗（福井県鯖江市）」
の❺「CSV」をクリックして、❻表示されるリンクをクリックして、ダウンロードします。

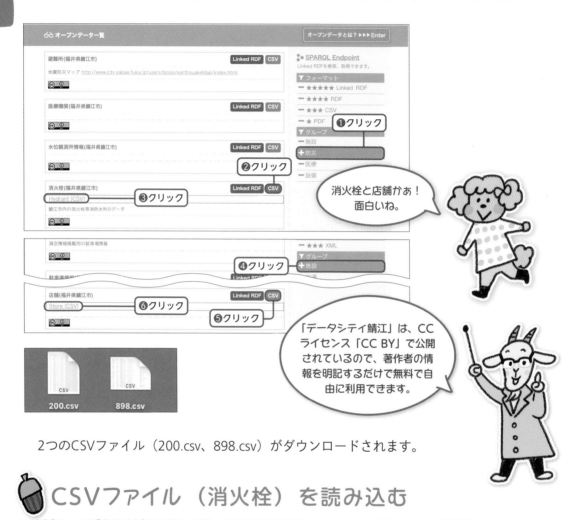

2つのCSVファイル（200.csv、898.csv）がダウンロードされます。

🥜 CSVファイル（消火栓）を読み込む

まずは、消火栓のCSVファイル（200.csv）をテキストエディタで開いて確認してみま
しょう。

　1行目がヘッダーになっています。日本語はShift JISが使われています。そこで、pandasで「shift jis形式」で読み込みます。それぞれのデータの項目名を表示しましょう。

chap4/chap4-15.py

```python
import pandas as pd

# CSVファイルをデータフレームに読み込む
df = pd.read_csv("200.csv",encoding="shift-jis")

print(len(df))
print(df.columns.values)
```

出力結果

```
2568
['消火栓名' '消火栓名(英語)' '消火栓分類' '消防団' '管理番号' '都道府県名' '市区町村名' '行政区名' '住所'
 '対象範囲の直径(m)' '配水管口径(mm)' '貯水量(t)' '緯度' '経度' '分離器（有、無）' '標準地域コード']
```

　項目は多いですが、「消火栓がある地点を調べたい」ので、「緯度」と「経度」に注目しましょう。

消火栓名	消火栓名(英語)	消火栓分類	貯水量(t)	緯度	経度	分離器（有、無）
消火栓		消火栓		35.95601513	136.1758681	無
消火栓		消火栓		35.95604482	136.1765839	無
消火栓		消火栓		35.95503636	136.1770061	無
消火栓		消火栓		35.9546217	136.1758177	無
消火栓		消火栓		35.95378354	136.1774959	無
消火栓		消火栓		35.95259371	136.1760469	無
消火栓		消火栓		35.95277253	136.1778719	無

　この「緯度」と「経度」を取り出してリスト化し、消火栓の地点データを表示してみます。件数とその値を表示します。

LESSON
16

chap4/chap4-16.py

```python
import pandas as pd

# CSVファイルをデータフレームに読み込む
df = pd.read_csv("200.csv",encoding="shift-jis")

# 消火栓のある地点（緯度、経度）をリスト化する
hydrant = df[["緯度","経度"]].values      ……………リスト化
print(len(hydrant))                      ……………………件数を表示
print(hydrant)                           ……………………リストを表示
```

出力結果

```
2568
[[ 35.95601513 136.17586812]
 [ 35.95604482 136.17658386]
 [ 35.95503636 136.17700608]
 …
 [ 35.9483618  136.17772603]
 [ 35.96552294 136.19271827]
 [ 35.97665545 136.20202291]]
```

　消火栓の数は、2500個以上もあります。たくさんありますね。しかし、この数字だけではどこにあるのかよくわかりません。そこで、地図上に表示してみましょう。地図を表示してマーカーをつけたりするにはfoliumライブラリを使うのが便利です。

foliumをインストールする

　folium（フォリウム）は、地図を表示したり、地図上にマーカーをつけたりできる外部ライブラリです。以下の手順でインストールしましょう。くわしくは、1章の「ライブラリのインストール方法」を参考にしてください。

①-1 Windowsにインストールするときは、コマンドプロンプトを使います

```
py -m pip install folium
```

①-2 macOSにインストールするときは、ターミナルを使います

```
python3 -m pip install folium
```

地図上に消火栓を表示する

地図を表示するには、import foliumとして、foliumライブラリをimportします。
指定した地点の地図は、m = folium.Map([緯度, 経度], zoom_start=ズーム倍率)と命令して作ります。ここで作った地図は、ブラウザを使って表示します。そのため、m.save("ファイル名.html")と命令してHTMLファイルを書き出します。

書式：指定した地点の地図を作る
```
m = folium.Map([緯度, 経度], zoom_start=ズーム倍率)
```

書式：地図を表示する HTML ファイルを書き出す
```
m.save("ファイル名.html")
```

まずは、「ある地点の地図のHTMLファイル」を作ってみましょう。鯖江市の緯度、経度を指定します。

chap4/chap4-17.py
```
import folium

# 地図を作って書き出す
m = folium.Map(location=[35.942957, 136.198863], zoom_start=16)……
                                                               地図を作成
m.save("sabae.html") ……………HTMLを保存
```

出力結果 sabae.html

なんと地図が！

　できたHTMLファイルをブラウザで開くと、地図が表示されました。次は、この地図上にマーカーを1つ追加してみましょう。

書式：マーカーを追加する

```
folium.Marker([緯度，経度]).add_to(m)
```

chap4/chap4-18.py

```python
import folium

# 地図にマーカーを追加して書き出す
m = folium.Map(location=[35.942957, 136.198863], zoom_start=16)
folium.Marker([35.942957, 136.198863]).add_to(m)
m.save("megane.html")
```

出力結果　megane.html

　緯度、経度を指定してマーカーを表示する方法がわかりましたね。それでは、いよいよ「消火栓のリストデータ」を使ってマーカーを表示してみましょう。地図が表示されて、消火栓のある地点にマーカーが表示されます。

chap4/chap4-19.py

```python
import pandas as pd
import folium

# CSVファイルをデータフレームに読み込む
df = pd.read_csv("200.csv",encoding="shift-jis")

# 消火栓のある地点（緯度、経度）をリスト化する
hydrant = df[["緯度","経度"]].values

# 地図にマーカーを追加して書き出す
m = folium.Map(location=[35.942957, 136.198863], zoom_start=16)
for data in hydrant:
    folium.Marker([data[0], data[1]]).add_to(m)
m.save('hydrant.html')
```

出力結果　hydrant.html

これだけ消火栓がたくさんあったら安心だね。

CSVファイル（店舗）を読み込む

次は、店舗のCSVファイル（898.csv）をテキストエディタで開いて確認してみましょう。

```
● ● ●    898.csv                                                      CSV        ⌄  ⓘ
1  店舗名(日本語),店舗名(英語),カテゴリー,郵便番号,都道府県名,市区町村名,行政区名,住所,緯度,経度,電話
   番号,webサイト,営業開始時間,営業終了時間,営業時間,定休日,駐車可能台数,男子トイレの数,女子トイレの
   数,男女兼用トイレの数,説明(日本語),説明(英語),更新日,登録日,自治体コード
2  鯖江市役所,"",市役所・区役所,9160023,福井県,鯖江市,"",西山町１３
   −１,35.956477,136.184073,0778-51-2200,https://www.city.sabae.fukui.jp/index.html,"","",月
   曜日〜金曜日、8:30〜17:15,"","","","","","",http://statdb.nstac.go.jp/lod/sac/
   C18207
3  地域事業主 わどう,"",学習センター,9160053,福井県,鯖江市,"",日の出町7−4
   2,35.938552,136.183866,080-5640-0233,"","","","","","","","","","",http://
   statdb.nstac.go.jp/lod/sac/C18207
4  佐野蕎麦 塩だけで食べる異次元そば,"",蕎麦店,9160026,福井県,鯖江市,"",本町２丁目２−２
   2,35.945618,136.185107,090-8262-8833,https://sanosoba.com/,"","",月曜日、金曜日、12:00〜
   14:00、月曜日、金曜日、18:00〜20:00、土曜日〜日曜日、12:00〜
行数: 74  文字数: 14,326  位置: 0  行: 1                    20 kB  Unicode (UTF-8) BOM付き ⌄  CRLF ⌄
```

1行目がヘッダーになっています。日本語はUTF-8が使われています。そこで、pandasでそのまま読み込みます。それぞれのデータの項目名を表示しましょう。

chap4/chap4-20.py

```python
import pandas as pd

# CSVファイルをデータフレームに読み込む
df = pd.read_csv("898.csv")

print(len(df))
print(df.columns.values)
```

出力結果

```
72
['店舗名(日本語)' '店舗名(英語)' 'カテゴリー' '郵便番号' '都道府県名' '市区
町村名' '行政区名' '住所' '緯度' '経度'

 '電話番号' 'webサイト' '営業開始時間' '営業終了時間' '営業時間' '定休日' '
駐車可能台数' '男子トイレの数'

 '女子トイレの数' '男女兼用トイレの数' '説明(日本語)' '説明(英語)' '更新日' '
登録日' '自治体コード']
```

LESSON
16

159

項目は多いですが、「店舗がある地点と名前を調べたい」ので、「緯度」と「経度」と「店舗名（日本語）」に注目しましょう。

店舗名(日本語)	店舗名(英語)	住所	緯度	経度	電話番号
鯖江市役所		山町１３－１	35.956477	136.184073	0778-51-2２00
地域事業主 わどう		の出町７－４２	35.938552	136.183866	080-5640-0２33
佐野蕎麦 塩だけで食べる異次元そば		末町２丁目２－２２	35.945618	136.185107	090-8262-8833
ヨーロッパン キムラヤ		旭町２丁目３－２０	35.946157	136.187179	0778-51-0502
ミート＆デリカささき		本町３丁目１－５	35.946548	136.185571	0120-264-
かわだ温泉 ラポーゼかわだ		上河内町１９－３７－２	35.948063	136.300009	077
ラポーゼかわだ ほたるの里		上河内町１９－３７－２	35.948063	136.300009	0

この「緯度」と「経度」と「店舗名（日本語）」を取り出してリスト化し、店舗の地点データを表示してみましょう。件数とその値を表示します。

ちょっとちょっとー。
おいしそうなお店
あるじゃない！

chap4/chap4-21.py

```python
import pandas as pd

# CSVファイルをデータフレームに読み込む
df = pd.read_csv("898.csv")

# 店舗のある地点（緯度、経度）と店舗名をリスト化する
store = df[["緯度","経度","店舗名(日本語)"]].values
print(len(store))
print(store)
```

出力結果

```
72
[[35.956477 136.184073 '鯖江市役所']
 [35.938552 136.183866 '地域事業主 わどう']
 (…略…)
 [35.940385 136.185374 '王山古墳群']
 [35.946248 136.185026 '市民ホールつつじ']
 [35.940991 136.179397 'たじま着付教室']]
```

……… [Squeezed text(72 lines).] を
ダブルクリックすると表示

地図上に店舗を表示する

このデータを使って地図上に店舗を表示してみましょう。さらに、マーカーにマウスカーソルをのせるとその店舗名がツールチップで表示されるようにします。

書式：マーカーを追加する（ツールチップつき）

```
folium.Marker([緯度, 経度], tooltip="文字列").add_to(m)
```

chap4/chap4-22.py

```python
import pandas as pd
import folium

# CSVファイルをデータフレームに読み込む
df = pd.read_csv("898.csv")

# 店舗のある地点（緯度、経度）と店舗名をリスト化する
store = df[["緯度","経度","店舗名(日本語)"]].values

# 地図にマーカーを追加して書き出す
m = folium.Map(location=[35.942957, 136.198863], zoom_start=16)
for data in store:
    folium.Marker([data[0], data[1]], tooltip=data[2]).add_to(m)
m.save('store.html')
```

LESSON
16

今度は店舗を
見てみよう！

161

出力結果　store.html

わーい、「町のお店地図」ができちゃった〜。

これを少し変えるだけで、さらに「電話番号」とか「営業時間」とかも表示できちゃうよ。

オープンデータって便利だね！

第5章
Web APIでデータを収集しよう

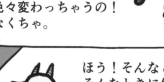

※うずまき谷では、IT化が進んでいて、ぶどうの実の色変化をWebAPIで取得できるようになっています。

この章でやること

Web APIってなに？

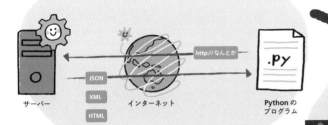

サーバー　　　　インターネット　　　　Python の
　　　　　　　　　　　　　　　　　　　プログラム

JSON
XML
HTML
画像

http:// なんとか
.py

OpenWeatherMap ってなに？

現在の天気を 調べよう

都市名	=	神戸市
気温	=	6.89
天気	=	Rain
天気詳細	=	弱いにわか雨

5日間（3時間ごと）の 天気を調べよう

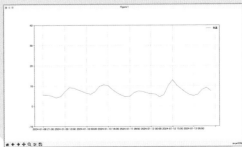

Intro
duction

LESSON

17

Web APIってなに？

Web API を使って、ネットからデータを取得して、分析してみましょう。
天気予報を取得できる OpenWeatherMap を利用します。

次は、Web APIでデータを取得する方法を試してみようか。

え〜？　なんだか難しそう。さっきダウンロードして調べる方法を教えてもらったから、もういらないよ〜。
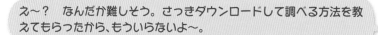

たしかにダウンロードして分析する方法は、目の前にファイルがあるからわかりやすいけど、データがよく更新されるものにはあまり向かないんだ。

どういうこと？

郵便番号とか消火栓の位置とか、あまり変化しないデータは1回ダウンロードすればしばらく使えるけれど、天気とか株価とか毎日変わるものはそうはいかないよね。

そっか。毎回ダウンロードし直さなくちゃいけないのか。

そういうときは、Web APIが便利なんだ。実行するたびにプログラムがデータを取りにいくので、更新されたデータを取得できるんだ。

それは便利だ。いつも最新のデータが取れるってわけね。

他のコンピュータの機能を利用する

　Web APIとは、「Web上の他のコンピュータの機能を、HTTPを使って利用できるしくみ」のことです。例えば、GoogleのWeb APIを使えば、あなたのプログラムから検索やマップの機能を利用することができます。Amazonや楽天などのWeb APIを使えば、あなたのプログラムから商品検索の機能を利用することができます。

　具体的には、「http://なんとか」という形式でプログラムからサーバーにリクエストを行います。リクエストするとサーバーは処理を行ってくれて、その結果のデータを返してくれるので、受け取って処理します。送受信に使われるデータ形式はサーバーによっていろいろありますが、一般的には、JSON、XML、HTML、画像ファイルなどが使われます。

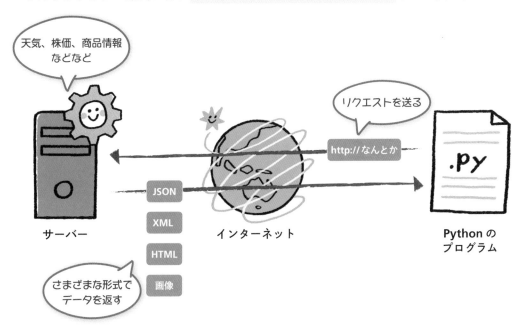

LESSON
17

　Web APIを提供しているサーバーは、「どのようなことができるか」「どのようにアクセスするのか」などの仕様もあわせて公開していますので、これを確認して使いましょう。多くの場合はアカウントを作ってから利用します。

LESSON 18

OpenWeatherMap ってなに?

世界中の天気情報を公開しているオンラインサービスを利用するための準備をしましょう。

それじゃあ、毎日変わるデータとして天気情報を取得してみようか。OpenWeatherMapというサイトのWeb APIを利用するよ。

それって、アタシの住んでるとこの明日の天気もわかる?

もちろん。いろんな都市の天気や気温なんかも取得できるよ。

なんと! おうちで優雅にミルクティーを飲みながら、世界中のお天気情報を取れるってわけね。

　OpenWeatherMapは、世界中の天気情報を取得できる海外のオンラインサービスです。指定した場所の天気や気温、湿度、気圧、風速などを取得できます。

　無料版と有料版があり、有料版は細かい情報を取得できますが、無料版でも「現在の天気」と「5日間（3時間ごと）の天気」の取得ができますので、これを試してみましょう。

　なお、OpenWeatherMapの利用条件は16歳以上です。

OpenWeatherMapサイトの利用手順

まずは、OpenWeatherMapサイトのトップページにアクセスしてみましょう。現在の天気が表示されます（英語表示のみです）。ここで、検索欄に都市名を入力して［Search］すれば、その都市の天気を見ることができます。

OpenWeatherMap
https://openweathermap.org

注意：LESSON 18～20のサンプル
LESSON 18～20のサンプルは、
OpenWeatherMap (https://openweathermap.org)
のWeb APIデータを加工して作成しています。

LESSON
18

OpenWeatherMapのWeb APIを利用するには、以下の手順で進めます。

①アカウントを作成する
②APIキーを取得する
③APIを利用する

OpenWeatherMapを利用する

① アカウントを作成する

トップページの❶ [Sign in] ボタンをクリックして表示されるダイアログで❷「Create an Account」をクリックすると、新規アカウントを作るページ（Create New Account）が表示されます。❸氏名（Username）、メールアドレス（Enter email）、パスワード（Password、Repeat Password）を入力し、❹「I am 16 years old and over」と「I agree with Privacy Policy, Terms and conditions of sale and Websites terms and conditions of use」と「私はロボットではありません」にチェックを入れ、❺ [Create Account] ボタンをクリックしてアカウントを作ります。すると「How and where will you use our API?」のダイアログが出るので、❻ Companyに会社名を、❼Purposeから目的を選択して、❽ [Save] ボタンをクリックします。

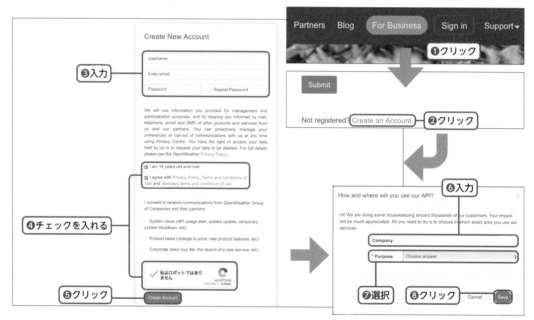

② APIキーを取得する

アカウントを作成するとAPIキーが発行されます。❶ログインして（アカウント作成直後はログインは不要です）、グレーの文字で並んでいる名前の中から、❷ [API keys] をクリックしましょう。❸Key（APIキー）の文字列を確認することができます。このAPIキーはあとで利用します。

なお、APIキーは利用できるようになるまで数時間ほどかかる場合があります。

③ APIを利用する

ページの上の❶ [Pricing] タブをクリックして❷下にスクロールすると、無料版（Free）、有料版でできる機能のリストが表示されます。無料版は、「Current Weather」と「3-hour Forecast 5 days」が表示されているので、これが使えることがわかります。

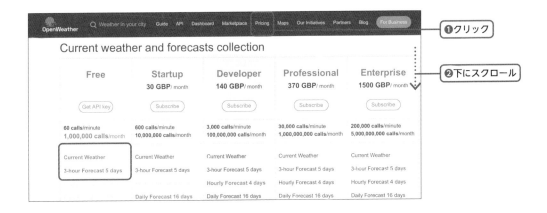

ページの上の❶ [API] タブをクリックすると、使えるWeb APIのリストが表示されます。この中の❷「Current Weather Data（現在の天気）」と「5 Day / 3 Hour Forecast（5日間3時間ごとの天気)」が使えます。

LESSON
18

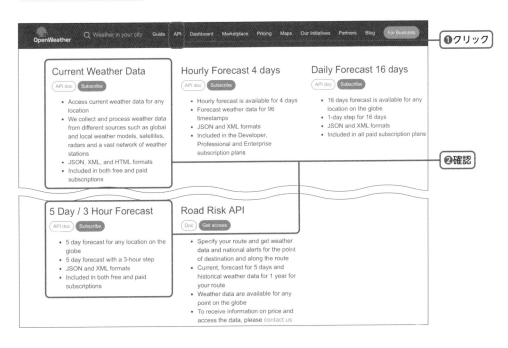

LESSON

19

現在の天気を調べよう

OpenWeatherMap の API を使って、現在の天気を取得してみましょう。

ハカセ！ 早く天気を調べようよ。どうしたらいいの？

じゃあ「現在の天気」を調べてみようか。

おしえておしえて。

 そのためにはまず、APIの仕様を知る必要があるよ。

ムムム？

 サイトに書いてあるから見てみよう。「Current Weather Data」の[API doc]をクリックだ。APIの仕様や、取得できるデータのフォーマットがわかるよ。

 字がいっぱいでややこしいけど、サンプルを見たら使い方がわかる気がするね。

指定方法がいろいろあるようですね。使いやすいようにまとめてみました。

現在の天気を調べる方法

都市名で指定（By city name） ：cityは国コードも指定	http://api.openweathermap.org/data/2.5/weather?q={city}&↵ appid={key}&lang=ja&units=metric
都市IDで指定（By city ID）	http://api.openweathermap.org/data/2.5/weather?id={cityID}&↵ appid={key}&lang=ja&units=metric
緯度経度で指定 （By geographic coordinates）	http://api.openweathermap.org/data/2.5/weather?lat={lat}&↵ lon={lon}&appid={key}&lang=ja&units=metric
郵便番号で指定（By ZIP code） ：zipCodeは国コードも指定	http://api.openweathermap.org/data/2.5/weather?zip=↵ {zipCode}&appid={key}&lang=ja&units=metric

　海外のサイトなので、そのままでは天気は英語表示に、気温の単位もケルビンで表示されてしまいます。天気の詳細が日本語（lang=ja）で表示されるようにして、気温の単位を摂氏（units=metric）にしています。

都市名で指定して、天気を取得する

　まずは、「都市名で指定して、天気を取得する」を試してみましょう。
　以下が、都市名で指定するときの書き方です。この文字列の「q={city}」の「{city}」を「都市名の文字列」に、「appid={key}」の「{key}」を「APIキーの文字列」に置き換えてリクエストしたいと思います。

LESSON
19

```
http://api.openweathermap.org/data/2.5/weather?q={city}&appid=↵
{key}&lang=ja&units=metric
```

　Pythonでは、このように「文字列のある部分を、変数の値を文字列に変換したものに置き換えたいとき」は、f文字列を使うのが便利です。

書式：f文字列の書き方

　f"文字列{変数名または式}文字列"

　例えば、変数key1に「晴れ」、変数key2に「曇り」という文字列が入っていて、「今日は晴れです。明日は曇りです。」という文字列を作りたいとします。このとき、先頭に「f」をつけた「f"今日は{key1}です。明日は{key2}です。"」という文字列を作ると、実行したときに{key1}や{key2}といった{変数名}の部分が「晴れ」や「曇り」といった「その変数の

値の文字列」に置き換わり、「今日は晴れです。明日は曇りです。」という文字列を作ることができるのです。

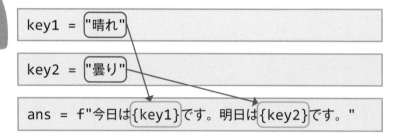

実際に試してみましょう。

chap5/chap5-1.py

```
key1 = "晴れ"
key2 = "曇り"

ans = f"今日は{key1}です。明日は{key2}です。"
print(ans) ………………加工後のansを表示
```

出力結果

```
今日は晴れです。明日は曇りです。
```

このf文字列を使って、神戸の天気を取得してみましょう。「取得したAPIキー」を変数keyに、「Kobe,JP」を変数cityに入れて、f文字列を使って置き換えてリクエストします。requests.get(url)を使います。

処理結果はJSON形式で返ってきます。JSONを扱えるように標準ライブラリを「import json」とimportして、getした値に「.json()」と命令して取り出します。取得できたデータを表示させてみましょう。

chap5/chap5-2.py

```python
import requests
import json

# 現在の天気を取得する：神戸
key="取得したAPIキー"
city="Kobe,JP"
url = f"http://api.openweathermap.org/data/2.5/weather?q={city}&appid={key}&lang=ja&units=metric"

jsondata = requests.get(url).json()
print(jsondata)
```

……… 取得したAPIキーを入力

> 「取得した API キー」には、「OpenWeatherMap の あなたのアカウントで取得 した API キー」を入力して ください。

出力結果

```
{'coord': {'lon': 135.183, 'lat': 34.6913}, 'weather': [{'id':
803, 'main': 'Clouds', 'description': '曇りがち', 'icon': '04n'}],
'base': 'stations', 'main': {'temp': 5.06, 'feels_like': 3.38,
'temp_min': 4.38, 'temp_max': 6.82, 'pressure': 1024, 'humidity'
: 60}, 'visibility': 10000, 'wind': {'speed': 2.06, 'deg': 70},
'clouds': {'all': 75}, 'dt': 1704709756, 'sys': {'type': 1, 'id'
: 7963, 'country': 'JP', 'sunrise': 1704665217, 'sunset':
1704701020}, 'timezone': 32400, 'id': 1859171, 'name': '神戸市',
'cod': 200}
```

LESSON
19

　さあ、神戸の現在の天気データを取得できたようです。よく見ると天気や気温などが含まれているようですが、JSON形式なのでよくわからないですね。そこで次は、JSONデータの扱い方を見ていきましょう。

175

JSONってなに？

JSON（ジェイソン）ってもしかして、ホラー映画に出てくるチェーンソー持った怖いヤツのこと！？

違う違う。「JavaScriptのデータの書き方」のことだよ。JavaScript Object Notationを略してJSONなんだ。

Pythonなのに、なんでJavaScriptが出てくるの？

JSONはシンプルで扱いやすいデータ表現なので、JavaScriptだけでなく、Pythonや、Java、PHP、Rubyなど多くのプログラミング言語でも利用されるようになったんだよ。

へぇ〜。

いろんな言語で共通に使えて便利なので、多くのWeb APIではJSONが使われているんだよ。

なるほど〜。

 ## JSONデータの書式

JSONでは、キーと値を「キー：値」というペアにしたものをオブジェクトと呼んでいます。このオブジェクトを「{}（波括弧）」で囲み、「,（カンマ）」で区切って複数のデータを記述していきます。

書式：JSON データの書式

```
{ キー ： 値 }
{ キー ： 値, キー ： 値, ... }
```

キーは、文字列で指定します。このキーを使って値にアクセスします。値は、「数値」「文字列値」「真偽値」「配列値」「オブジェクト値」「ヌル値（値が空っぽであることを表すnull）」が使えます。

　JSONデータの読み込みを行うので、テスト用のJSONデータを用意しましょう。テキストエディタで、以下のようなテキストファイルを作ってください（p.10のダウンロードサイトからサンプルファイルをダウンロードして用意することもできます）。

【テストデータ1】(chap5/test1.json)

```
{"name":"ダージリン", "price":600, "在庫":true }
```

　また、配列やオブジェクトは、入れ子（階層化）にできるので、複雑な構造のデータも表現できます。例えば「複数の都市の、それぞれの緯度と経度のデータ」は以下のように表現できます。

【テストデータ2】(chap5/test2.json)

```
[
  {
    "name" : "Tokyo",
    "coord" : {"lat" : 35.69, "lon" : 139.69}
  },
  {
    "name" : "Kyoto",
    "coord" : {"lat" : 35.02, "lon" : 135.75}
  }
]
```

 # JSONデータを読み込む方法

　JSONデータを読み込む方法には、「1. ファイルから読み込む方法」と「2. ネットから直接読み込む方法」があります。

① ファイルから読み込む方法

　JSONファイルを読み込むときは、「open(ファイル名, mode="r")」でファイルを読み込みモードにして読み込み、「json.loads(f.read())」と指定してJSONデータで読み込みます。

書式：JSONファイルを読み込む

```
with open("ファイル名", mode="r") as f:
    jsondata = json.loads(f.read())
```

② ネットから直接読み込む方法

ネットから直接読み込むときは、「requests.get(url).json()」と、URLにリクエストして、JSONデータに変換して受け取ります。

書式：ネットから JSON データを読み込む

```
jsondata = requests.get(url).json()
```

JSONで日時データを扱う場合

JSON では、日時データなどを直接値として扱うことはできませんが、文字列や数値（タイムスタンプ）などに変換して扱うことができます。

まず、先ほど作ったJSONファイル（test2.json）を読み込んで表示してみましょう。このとき、標準ライブラリのpprint（pretty-print）を使うと、きれいに整形して表示させることができます。「from pprint import pprint」とimportして「pprint(値)」と指定して使います。

chap5/chap5-3.py

```python
import json
from pprint import pprint

with open("test2.json", mode="r") as f:
    jsondata = json.loads(f.read())
    pprint(jsondata)
```

出力結果

```
[{'coord': {'lat': 35.69, 'lon': 139.69}, 'name': 'Tokyo'},
 {'coord': {'lat': 35.02, 'lon': 135.75}, 'name': 'Kyoto'}]
```

178

```
[
    {'coord': {'lat': 35.69,
                'lon': 139.69 },
    'name': 'Tokyo'},
    {'coord': {'lat': 35.02,
                'lon': 135.75 },
    'name': 'Kyoto'}
]
```

JSONを表示することができたけど、[ ]や{ }がいっぱいでややこしいね〜。

こういうときは、外側から見ていこう。一番外側は [ ] だから配列だっていうことがわかる。この中に {'coord': なんとか } というオブジェクトが2つ入っている。

nameが、TokyoとKyotoになってる。東京と京都のデータってことね。

'coord' は座標ってことだ。その中に {'lat' : 緯度, 'lon' : 経度} というオブジェクトがあるというわけだ。

なるほど。東京と京都の場所の、緯度 (lat) と経度 (lon) のデータってことね。

LESSON
19

　JSONデータの構造がわかったので、それぞれの値を取得してみましょう。個別の値を取り出すには、配列は0からはじまるインデックス番号を、オブジェクトはキーを使います。
　最初のオブジェクトは、配列の最初（インデックス0）の値なので「jsondata[0]」と指定します。インデックス0のnameの値を取得するには「jsondata[0]["name"]」と指定し、インデックス0のcoordのlatの値を取得するには「jsondata[0]["coord"]["lat"]」と指定します。

chap5/chap5-4.py

```python
import json
from pprint import pprint


with open("test2.json", mode="r") as f:
    jsondata = json.loads(f.read())
    print("1つ目のオブジェクト = ",jsondata[0])
    print("都市名 = ",jsondata[0]["name"])
    print("緯度　 = ",jsondata[0]["coord"]["lat"])
    print("経度　 = ",jsondata[0]["coord"]["lon"])
```

出力結果

```
1つ目のオブジェクト =  {'name': 'Tokyo', 'coord': {'lat': 35.69, ↵
'lon': 139.69}}
都市名 =  Tokyo
緯度　 =  35.69
経度　 =  139.69
```

　JSONデータの個別のデータを取り出すことができるようになりました。
　これを参考にして、神戸の天気を取得してみましょう。まずは、pprintでJSONデータを表示させて確認します。

chap5/chap5-5.py

```python
import requests
import json
from pprint import pprint


# 現在の天気を取得する：神戸
key="取得したAPIキー"
city="Kobe,JP"  ……… 取得したAPIキーを入力
url = f"http://api.openweathermap.org/data/2.5/weather?q= ↵
{city}&appid={key}&lang=ja&units=metric"


jsondata = requests.get(url).json()
pprint(jsondata)
```

出力結果

```
{'base': 'stations',
 (…略…)
 'main': {'feels_like': 4.87,
          'humidity': 46,
          'pressure': 1017,
          'temp': 7.5,
          'temp_max': 9.38,
          'temp_min': 6.82},
 'name': '神戸市',
 (…略…)
 'weather': [{'description': '曇りがち',
              'icon': '04d',
              'id': 803,
              'main': 'Clouds'}],
 'wind': {'deg': 310, 'speed': 4.12}}
```

LESSON
19

　データの構造がわかったので、ここから「name（都市名）」、「mainのtemp（気温）」、「weatherのインデックス0のmain（天気）」、「weatherのインデックス0のdescription（天気詳細）」を取り出して表示させてみましょう。

情報は天気によって少し変わる。
風が強いときは、風向き（deg）
情報が追加されることもあるよ。

chap5/chap5-6.py

```python
import requests
import json

# 現在の天気を取得する：神戸
key="取得したAPIキー"
city="Kobe,JP"   ……… 取得したAPIキーを入力
url = f"http://api.openweathermap.org/data/2.5/weather?q= ↵
{city}&appid={key}&lang=ja&units=metric"

jsondata = requests.get(url).json()
print("都市名   = ", jsondata["name"])
print("気温     = ", jsondata["main"]["temp"])
print("天気     = ", jsondata["weather"][0]["main"])
print("天気詳細 = ", jsondata["weather"][0]["description"])
```

 出力結果

```
都市名    =   神戸市
気温      =   6.89
天気      =   Rain
天気詳細  =   弱いにわか雨
```

また、「city="Kobe,JP"」の都市名を変更すると、違う都市の天気も取得できます。

chap5/chap5-6A.py

```python
import requests
import json

# 現在の天気を取得する：ニューヨーク
key="取得したAPIキー"
city="New York,US"   ……… 取得したAPIキーを入力
url = f"http://api.openweathermap.org/data/2.5/weather?q= ↵
{city}&appid={key}&lang=ja&units=metric"
```

```python
jsondata = requests.get(url).json()
print("都市名    = ", jsondata["name"])
print("気温     = ", jsondata["main"]["temp"])
print("天気     = ", jsondata["weather"][0]["main"])
print("天気詳細 = ", jsondata["weather"][0]["description"])
```

出力結果

```
都市名    =  ニューヨーク

気温     =  5.6

天気     =  Clouds

天気詳細 =  厚い雲
```

chap5/chap5-6B.py

```python
import requests
import json

# 現在の天気を取得する：ロンドン
key="取得したAPIキー"  ……… 取得したAPIキーを入力
city="London,UK"
url = f"http://api.openweathermap.org/data/2.5/weather?q=↵
{city}&appid={key}&lang=ja&units=metric"

jsondata = requests.get(url).json()
print("都市名    = ", jsondata["name"])
print("気温     = ", jsondata["main"]["temp"])
print("天気     = ", jsondata["weather"][0]["main"])
print("天気詳細 = ", jsondata["weather"][0]["description"])
```

LESSON

19

出力結果

都市名	=	London
気温	=	7.7
天気	=	Clouds
天気詳細	=	雲

> ニューヨークや
> ロンドンの天気も
> 取って来れたよ。

郵便番号で指定して、天気を取得する

さっきは「都市名」で天気を調べたけど、次は「郵便番号」で天気を調べてみよう。

えっ！ そんなことできるの？

Web APIにそういう機能が用意されているからできるんだ。例えば郵便番号「160-0006」の天気を調べてみよう。

フムフム。

OpenWeatherMapは世界中のデータを扱っている。だから、日本の郵便番号を指定するときは「160-0006,JP」と、日本の国コードも指定するんだよ。

世界中の郵便番号を知ってるなんてカシコイね！

chap5/chap5-7.py

```python
import requests
import json

# 現在の天気を取得する：郵便番号160-0006
key="取得したAPIキー"              ……… 取得したAPIキーを入力
zipcode="160-0006,JP"
url = f"http://api.openweathermap.org/data/2.5/weather?zip= ↵
{zipcode}&appid={key}&lang=ja&units=metric"

jsondata = requests.get(url).json()
print("都市名    = ", jsondata["name"])
print("気温      = ", jsondata["main"]["temp"])
print("天気      = ", jsondata["weather"][0]["main"])
print("天気詳細 = ", jsondata["weather"][0]["description"])
```

出力結果

```
都市名    =  Funamachi
気温      =  10.65
天気      =  Clouds
天気詳細 =  薄い雲
```

Funamachi って、
東京都新宿区舟町のことじゃない？
オープンデータのときも出てきたよね！
郵便番号で天気がわかっちゃうんだ。

LESSON
19

185

LESSON
20

現在から5日間（3時間ごと）の天気を調べよう

OpenWeatherMap の API を使って、現在から5日間の天気を取得してみましょう。

都市名と郵便番号で「今の天気」を調べることができたけど、今度は「今から5日間の天気を取得」してみよう。

明日やあさっての天気もわかるんだ。

Web APIの呼び出し方を少し変えるだけでできる。ただし、5日分×3時間ごとなので1日8個で、40個の天気データを一気に取得することになるよ。

5日分ってそういうことかー。

まずは、どんなデータが返ってくるのかを確認してみよう。

「5 Day / 3 Hour Forecast」の [API doc] をクリックすると、APIの仕様などがわかります。

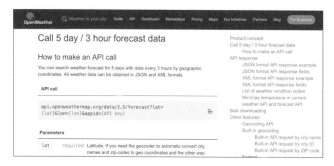

5日間（3時間ごと）の天気を調べる方法

都市名で指定（By city name） ：cityは国コードも指定	http://api.openweathermap.org/data/2.5/forecast?q={city}&↵appid={key}&lang=ja&units=metric
都市IDで指定（By city ID）	http://api.openweathermap.org/data/2.5/forecast?id={cityID}↵&appid={key}&lang=ja&units=metric
緯度経度で指定 （By geographic coordinates）	http://api.openweathermap.org/data/2.5/forecast?lat={lat}&↵lon={lon}&appid={key}&lang=ja&units=metric
郵便番号で指定（By ZIP code） ：zipCodeは国コードも指定	http://api.openweathermap.org/data/2.5/forecast?zip=↵{zipCode}&appid={key}&lang=ja&units=metric

5日間の天気を取得する

それでは、「都市名で指定して、5日間の天気を取得する」を試してみましょう。

以下が、都市名で指定するときの書き方ですが、この{city}を都市名に、{key}をAPIキーに置き換えてリクエストします。

```
http://api.openweathermap.org/data/2.5/forecast?q={city}&appid↵
={key}&lang=ja&units=metric
```

東京の5日間の天気を取得してみましょう。まずは、pprintでJSONデータを表示させて確認します。

chap5/chap5-8.py

LESSON
20

```
import requests
import json
from pprint import pprint

# 5日間（3時間ごと）の天気を取得する：東京
key="取得したAPIキー"        ……… 取得したAPIキーを入力
city="Tokyo,JP"
url = f"http://api.openweathermap.org/data/2.5/forecast?q=↵
{city}&appid={key}&lang=ja&units=metric"

jsondata = requests.get(url).json()
pprint(jsondata)
```

出力結果

```
{'city': {'coord': {'lat': 35.6895, 'lon': 139.6917},
          'country': 'JP',
          'id': 1850144,
          'name': '東京都',
          'population': 12445327,
          'sunrise': 1709931642,
          'sunset': 1709973787,
          'timezone': 32400},
 'cnt': 40,
 'cod': '200',
 'list': [{'clouds': {'all': 20},
           'dt': 1709964000,
           'dt_txt': '2024-03-09 06:00:00',
           'main': {'feels_like': 8.39,
                    'grnd_level': 1004,
                    'humidity': 25,
                    'pressure': 1007,
                    'sea_level': 1007,
                    'temp': 10.62,
                    'temp_kf': 0.4,
                    'temp_max': 10.62,
                    'temp_min': 10.22},
           'pop': 0,
           'sys': {'pod': 'd'},
           'visibility': 10000,
```

```
'weather': [{'description': '薄い雲',
              'icon': '02d',
              'id': 801,
              'main': 'Clouds'}],
  'wind': {'deg': 322, 'gust': 10.52, 'speed': 8.81}},
(…略：39個続く…)
              'main': 'Clouds'}],
  'wind': {'deg': 174, 'gust': 4.57, 'speed': 3.02}}],
'message': 0}
```

　現在の天気のときとは、データ構造が少し違います。都市の名前や緯度・経度は、cityオブジェクトにまとめられていて、3時間ごとの天気情報はlistの中に配列で入っています。1日8個（3時間ごと）が5日分なので40個もあり、700行もあるデータです。

UTC（協定世界時）をJST（日本標準時）に変換する

　さて、ここで注意することがあります。それは日時です。データのdt_txtは「日時」を表していて、dtはそれを数値で表した「タイムスタンプ」を表しています。

```
'list': [{'clouds': {'all': 20},
          'dt': 1709964000,
          'dt_txt': '2024-03-09 06:00:00',
```

　「2024-03-09 06:00:00」と書いてあれば、つい日本の2024年3月9日6時のことだと思ってしまいがちですが、このような世界中のデータを扱うサービスの場合、JST（日本標準時）ではなく世界標準のUTC（協定世界時）を使っていることが一般的です。Open WeatherMapで使われている日時もUTCなので、日本ではこれより9時間進んだ時刻になります。
　このような時刻のずれは、標準ライブラリdatetimeの、timedeltaやtimezoneを使うと修正することができます。ここでは「from datetime import datetime, timedelta, timezone」とimportして使います。
　UTCで「2024-03-09 06:00:00」の日時を、JSTに変換するには、まず、日本のタイムゾーンを+9時間と指定して作っておき、「UTCのタイムスタンプは、このタイムゾーンでいうと何時になるのか」を求めます。

```
tz = timezone(timedelta(hours=+9), 'JST')
jst = datetime.fromtimestamp( UTCのタイムスタンプ , tz)
```

　例えば、「2024-03-09 06:00:00」のタイムスタンプ（1709964000）を使って、UTCからJSTへ変換してみましょう。求められる日時は「2024-03-09 15:00:00+09:00」などと長く表示されてしまうので、短く表示させたいときは、str(日時)[:-9]と指定すると、後ろから9文字削除して短くすることができます。

chap5/chap5-9.py

```
from datetime import datetime, timedelta, timezone

#UTC（協定世界時）をJST（日本標準時）に変換
timestamp = 1709964000

tz = timezone(timedelta(), 'UTC')
utc = datetime.fromtimestamp(timestamp, tz)
print(utc)

tz = timezone(timedelta(hours=+9), 'JST')
jst = datetime.fromtimestamp(timestamp, tz)
print(jst)
print(str(jst)[:-9])
```

出力結果

```
2024-03-09 06:00:00+00:00

2024-03-09 15:00:00+09:00

2024-03-09 15:00
```

MEMO UTC（協定世界時）とは

昔は、イギリスのグリニッジ天文台（経度 0 度）から見た太陽の動きを基準に決められた GMT（グリニッジ標準時：Greenwich Mean Time）が世界時として使われていましたが、セシウム原子の振動数を基準にした高精度なセシウム原子時計が発明されて、こちらが国際原子時として使われるようになりました。しかしこの国際原子時は正確過ぎて、天体活動とのずれが出てしまうので、誤差が 0.9 秒以上にならないようにうるう秒で調整されたのが UTC（協定世界時：Coordinated Universal Time）です。日常的にはどちらもほとんど同じで、JST（日本標準時）はこの時刻より 9 時間進んだ時刻になります。

この方法で、東京の5日間の時刻（UTC）をJSTの時刻に変換してみましょう。

chap5/chap5-10.py

```python
import requests
import json
from datetime import datetime, timedelta, timezone

# 5日間（3時間ごと）の天気を取得する：東京
key="取得したAPIキー"          ……… 取得したAPIキーを入力
city="Tokyo,JP"
url = f"http://api.openweathermap.org/data/2.5/forecast?q=↵
{city}&appid={key}&lang=ja&units=metric"

jsondata = requests.get(url).json()
tz = timezone(timedelta(hours=+9), 'JST')
for dat in jsondata["list"]:
    jst = str(datetime.fromtimestamp(dat["dt"], tz))[:-9]
    print("UTC={utc}, JST={jst}".format(utc=dat["dt_txt"],
    jst=jst))
```

LESSON
20

出力結果

```
UTC=2024-03-09 06:00:00, JST=2024-03-09 15:00
UTC=2024-03-09 09:00:00, JST=2024-03-09 18:00
UTC=2024-03-09 12:00:00, JST=2024-03-09 21:00
UTC=2024-03-09 15:00:00, JST=2024-03-10 00:00
UTC=2024-03-09 18:00:00, JST=2024-03-10 03:00
（…略…）
```

　9時間進めた日本標準時に変換されたことがわかります。それでは、5日間（3時間ごと）の天気を日本標準時で表示させてみましょう。

chap5/chap5-11.py

```python
import requests
import json
from datetime import datetime, timedelta, timezone

# 5日間（3時間ごと）の天気を取得する：東京
key="取得したAPIキー"
city="Tokyo,JP"          ……… 取得したAPIキーを入力
url = f"http://api.openweathermap.org/data/2.5/forecast?q=↵
{city}&appid={key}&lang=ja&units=metric"

jsondata = requests.get(url).json()
tz = timezone(timedelta(hours=+9), 'JST')
for dat in jsondata["list"]:
    jst = str(datetime.fromtimestamp(dat["dt"], tz))[:-9]
    weather = dat["weather"][0]["description"]
    temp = dat["main"]["temp"]
    print("日時:{jst}, 天気:{w}, 気温:{t}度".format(jst=jst,
                                        w=weather, t=temp))
```

出力結果

```
日時：2024-03-09 15:00, 天気：薄い雲, 気温：10.67度

日時：2024-03-09 18:00, 天気：雲, 気温：9.53度

日時：2024-03-09 21:00, 天気：雲, 気温：7.04度

日時：2024-03-10 00:00, 天気：晴天, 気温：4.85度

日時：2024-03-10 03:00, 天気：晴天, 気温：4.8度

（…略…）
```

 # 5日間の気温をグラフで表示する

5日間の天気を取得できるようになったので、今度は気温に注目してみよう。

あれ。さっきのプログラムで気温も出てたよ？

そうそう。それを利用するんだ。気温データだけを取り出してグラフにするんだ。

そっか。数値だからグラフにできるのか。

気温データを取り出して、pandasで表データにまとめる。ここまでくれば、グラフにするのは簡単だね。

また、パンダ出てきた～!!

　グラフの元になる「何時に、何度か」の表データを作りましょう。

　最初に、pandasで空のDataFrameを作り、項目名を「気温」にしておきます。ここに「何時に（JST）」をインデックスにして「何度か（気温）」のデータを追加していけば、「何時に、何度か」のDataFrameが作れます。

LESSON
20

chap5/chap5-12.py

```python
import requests
import json
from pprint import pprint
from datetime import datetime, timedelta, timezone
import pandas as pd

# 5日間（3時間ごと）の天気を取得する：東京
key="取得したAPIキー"
city="Tokyo,JP"            ………… 取得したAPIキーを入力
url = f"http://api.openweathermap.org/data/2.5/forecast?q=⏎
{city}&appid={key}&lang=ja&units=metric"

jsondata = requests.get(url).json()
df = pd.DataFrame(columns=["気温"])
tz = timezone(timedelta(hours=+9), 'JST')
for dat in jsondata["list"]:
    jst = str(datetime.fromtimestamp(dat["dt"], tz))[:-9]
    temp = dat["main"]["temp"]
    df.loc[jst] = temp

pprint(df)
```

出力結果

```
                      気温
2024-03-09 15:00   10.52
2024-03-09 18:00    9.43
2024-03-09 21:00    6.99
2024-03-10 00:00    4.85
2024-03-10 03:00    4.80
（…略…）
```

これで「何時に、何度か」のDataFrameが作れました。

それでは最後に、このDataFrameをmatplotlibでグラフ化してみましょう。

グラフの画面サイズを大きくするため「df.plot(figsize=(15,8))」と指定します。また、気温の一般的なスケールで表示させるため、最小値を-10、最大値を40にして「plt.ylim(-10,40)」と指定します。さらに、目盛線を表示させましょう。「plt.grid()」と指定します。あとは、このグラフを「plt.show()」で表示させれば完成です。

chap5/chap5-13.py

```python
import requests
import json
from pprint import pprint
from datetime import datetime, timedelta, timezone
import pandas as pd
import matplotlib.pyplot as plt
plt.rcParams["font.family"] = "sans-serif"
plt.rcParams["font.sans-serif"] = ["Hiragino Maru Gothic Pro", ↵
"Hiragino sans", "BIZ UDGothic", "MS Gothic"]

# 5日間（3時間ごと）の天気を取得する：東京
key="取得したAPIキー"
city="Tokyo,JP"        ……… 取得したAPIキーを入力
url = f"http://api.openweathermap.org/data/2.5/forecast?q= ↵
{city}&appid={key}&lang=ja&units=metric"

jsondata = requests.get(url).json()
df = pd.DataFrame(columns=["気温"])
tz = timezone(timedelta(hours=+9), 'JST')
for dat in jsondata["list"]:
    jst = str(datetime.fromtimestamp(dat["dt"], tz))[:-9]
    temp = dat["main"]["temp"]
    df.loc[jst] = temp

df.plot(figsize=(15,8))
plt.ylim(-10,40)
plt.grid()
plt.show()
```

LESSON
20

出力結果

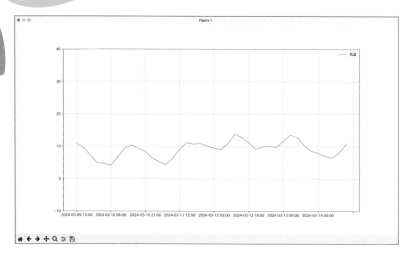

やったー！　でもこれって、少し未来の気温のグラフなんだよね。考えてみると、ふしぎー。

ネットからデータを取得して、必要なデータを抽出して、表データを作り、グラフにできた。集大成だね。

さらに先へ進もう

ハカセ！　アタシ、いろいろできるようになったし、もう完ぺきだよね。これ以上まなぶことってないんじゃない？

よくがんばりました。えらかったね。でもね、これはまだほんの入り口なんだよ。

え〜っ！　そうなの〜？

この本で、「Pythonを使って、ネットから必要なデータを取ってきて、集計したり、グラフで表示する」ってことが一通りできるようになったよね。

これ以上になにがあるっていうの？

これって「Pythonを使ってデータを処理する方法」、つまり「道具の使い方」を体験したってことなんだよ。

どういうこと？

データ分析というのは本当は道具を使う前に、「なにを伝えたいのか」や「いかに正しく伝えるか」を考えることが重要なんだ。「Pythonでデータをいろいろ試していたら、なんかできました」っていうのは、まだまだだよ。

アタシは、まだそれかな〜。

世の中にあるデータって、世の中にある現象を数値や文字としてまとめたものでしかない。「そこからなにが読み取れるのか」「それが意味することはなんなのか」を、ちゃんとデータと向き合って気づかなくちゃいけないんだ。そして、それに気づけたら、「じゃあ、こうすればうまくいくんじゃない？」という新しい視点が見えてくる。それが問題解決になり、他の人への説明にもなる。新しい視点を見つけることが、データ分析では重要なんだよ。

LESSON
20

新しい視点かあ。面白そう。まだまだ奥が深いんだね。

せっかく、Pythonという便利な道具が手に入ったんだから、楽しみながら先へ進んでいこうね。

索引

●著者プロフィール

森 巧尚（もり・よしなお）

『マイコン BASIC マガジン』（電波新聞社）の時代からゲームを作り続けて、現在はコンテンツ制作や執筆活動を
行い、関西学院大学非常勤講師、関西学院高等部非常勤講師、成安造形大学非常勤講師、大阪芸術大学非常勤講師、
プログラミングスクールコプリ講師などを行っている。
近著に、『ChatGPTプログラミング1年生』、『Python3年生 ディープラーニングのしくみ』、『Python2年生 デスク
トップアプリ開発のしくみ』、『Python1年生 第2版』、『Python3年生 機械学習のしくみ』、『Python2年生 データ
分析のしくみ』、『Java1年生』、『動かして学ぶ！ Vue.js開発入門』（いずれも翔泳社）、『ゲーム作りで楽しく学ぶ
オブジェクト指向のきほん』『ゲーム作りで楽しく学ぶPythonのきほん』、『アルゴリズムとプログラミングの図鑑
第2版』（いずれもマイナビ出版）などがある。

装丁・扉デザイン	大下 賢一郎
本文デザイン	リブロワークス
装丁・本文イラスト	あらいのりこ
漫画	ほりたみわ
編集・DTP	リブロワークス

バ イ ソ ン
Python 2年生
スクレイピングのしくみ 第2版
体験してわかる！ 会話でまなべる！

2024 年 5 月20 日 初版第 1 刷発行

著　　　　者	森 巧尚（もり・よしなお）	
発　行　人	佐々木 幹夫	
発　行　所	株式会社翔泳社（https://www.shoeisha.co.jp）	
印刷・製本	株式会社シナノ	

ISBN978-4-7981-8260-5
Printed in Japan